U0270310

# 摄影
## 曝光控制

于文灏 ◎ 编著

PHOTOGRAPHIC
EXPOSURE
CONTROL

上海交通大学 出版社
SHANGHAI JIAO TONG UNIVERSITY PRESS

**内容提要**

　　曝光控制是一项复杂的系统工作,它涵盖了"技术性正确曝光"和"创意性准确曝光"两个层面的内容,涉及摄影者对拍摄主题的规划和对画面最终效果的预先想象,以及对光圈、快门、感光度、量光、订光、滤光镜等技术手段的应用和后期制作方法。摄影的曝光控制不能简单地置于纯技术语境中去研究,而是应当在创作的层面进行综合分析和应用,这也正是作者写作本书的初衷和中心思想。

　　本书可供摄影爱好者、从业者及摄影专业本科生阅读、参考。

**图书在版编目(CIP)数据**

　　摄影曝光控制 / 于文灏编著. —上海:上海交通大学出版社,2018

　　ISBN 978 - 7 - 313 - 20423 - 3

　　Ⅰ.①摄… Ⅱ.①于… Ⅲ.①曝光-研究 Ⅳ.①TB811

　　中国版本图书馆 CIP 数据核字(2018) 第 282794 号

**摄影曝光控制**

编　　著:于文灏

出版发行:上海交通大学出版社　　　地　　址:上海市番禺路 951 号

邮政编码:200030　　　　　　　　　电　　话:021 - 64071208

出 版 人:谈　毅

印　　刷:上海春秋印刷厂　　　　　经　　销:全国新华书店

开　　本:710mm×1000mm 1/16　　印　　张:9.25

字　　数:183 千字

版　　次:2018 年 12 月第 1 版　　　印　　次:2018 年 12 月第 1 次印刷

书　　号:ISBN 978 - 7 - 313 - 20423 - 3/TB

定　　价:68.00 元

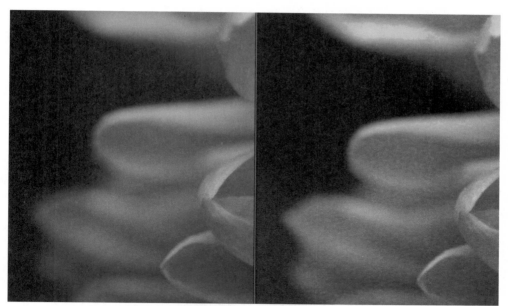

图 1-6　左图低感光度, 右图高感光度 (作者摄)

图 1-7　红、黄并置, 红色偏紫色, 黄色偏黄绿 (作者制)

图 1-8　红、灰并置, 灰色呈现灰绿效果 (作者制)

图 1-9　红、绿并置，红色更红，绿色更绿（作者制）

图 2-1　曝光不足 2EV（作者摄）

图 2-2　正常曝光（作者摄）

图 2-3　曝光过度 2EV（作者摄）

图 2-10　曝光严重不足的 JPEG 格式数字原片（作者摄）

图 2-11　后期处理的照片，用 Photoshop 调整出的最接近拍摄现场
亮度的效果，画面整体偏灰，色彩失真，噪点明显绿（作者摄）

图 3-21 闪光与日光比接近（张百成摄）

图 3-22 多云的傍晚时分，以闪光为主光，天空光线
为辅助光的画面效果（Steve Evans 摄）

**图 3-24　摄影用光（作者摄）**
闪光灯、室内灯光、窗外散射进室内的日光，构成混合照明光源；拍摄时以闪光灯照度做订光依据

**图 3-25　室内外协调灯光示例（作者摄）**
窗外散射进入的日光与室内灯光构成混合照明光源，拍摄时以室内灯光照度做订光依据，窗外景物曝光过度，窗边两人的右侧面颊受日光影响而色调偏冷，画面整体明暗效果接近真实生活经验

**图 3-26　室外黄昏拍摄被装饰射灯照明的建筑外观示例（作者摄）**

图 4-10　曝光级数：-2EV（作者摄）

图 4-11　曝光级数：$-1\frac{1}{2}$ EV（作者摄）

图 4-12　曝光级数：-1EV（作者摄）

图 4-13　曝光级数：$-1\frac{1}{2}$ EV（作者摄）

图 4-14　曝光级数：0（作者摄）

图 4-15　曝光级数：$+1\frac{1}{2}$ EV（作者摄）

图 4-16　曝光级数：+1EV（作者摄）

图 4-17　曝光级数：$+1\frac{1}{2}$ EV（作者摄）

图 4-18　曝光级数：+2EV（作者摄）

图 4-28　画面标识为 0EV（作者制）

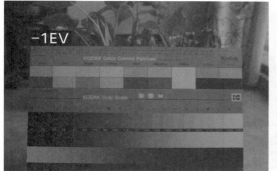

图 4-29　1EV 画面（作者制）

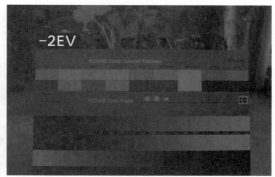

图 4-30　-2EV 画面（作者制）

图 4-31　-3EV 画面（作者制）

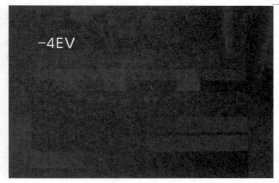

图 4-32　-4EV 画面（作者制）

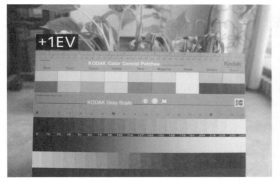

图 4-33　+1EV 画面（作者制）

图 4-34　-+2EV 画面（作者制）

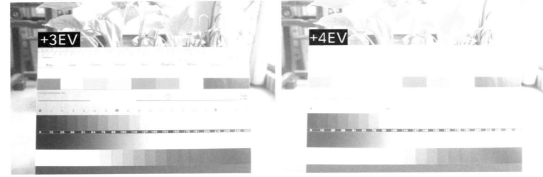

图 4-35　+3EV 画面（作者制）　　　　　　图 4-36　+4EV 画面（作者制）

图 5-33　红色阴影提示画面中最亮且没有层次区域的分布情况（作者制）

图 5-34　使用基本调整工具的各项功能校正后的结果（作者制）

**图 5-35　使用色调曲线工具中的参数调整方式（作者制）**

将高光区域的滑标向右增加至 +90，同时将明亮区域的滑标向左减少至 -20，
增强了云的对比度，云的层次感也得以加强

**图 5-36　调整画面暗部影调（作者制）**

将暗部区域的滑标向左减少至 -20，同时将阴影区域的滑标向左减少至 -45，
天空中乌云和海面的暗部影调被压暗，增加了天空与海面的反差

**图 5-37　左图是调整前，右图是调整后（作者制）**

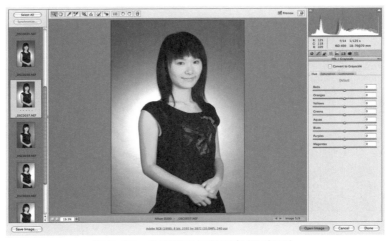

图 5-38　色彩校正工具示意（作者制）

图 5-39　灰度校正工具示意（作者制）

图 5-40　色调分离工具示意（作者制）

图 5-41　黑白照片调棕的双色调效果（作者制）

图 5-42　彩色画面的色调分离再创作（作者制）

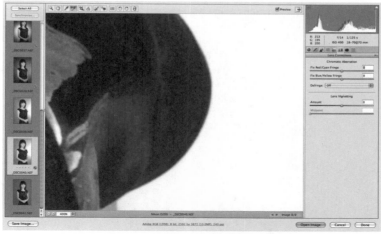

图 5-43　边缘杂色校正前（作者制）

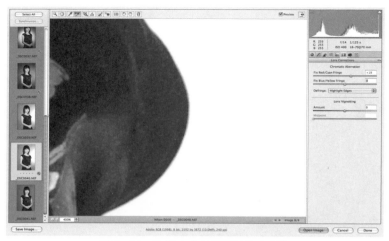

图 5-44　边缘杂色校正后（作者制）

**图 6-6　改善背景的曝光效果示例（作者摄）**
使用速度优先曝光模式和相机外接闪光灯补光，快门速度设定为 1/30 秒，
室内环境特征被很好地呈现出来

图 6-7　左图为前帘同步闪光效果，右图为后帘同步闪光效果（作者摄）

图 7-7　烟花光绘作品（作者摄）

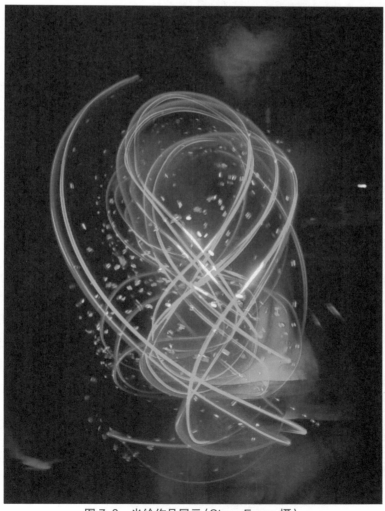

图 7-8　光绘作品展示（Steve Evans 摄）

**图 7-10 色彩效果（鲍昆摄）**
使用不同颜色的滤色玻璃覆盖在闪光头上，可以制造出丰富的色彩效果

# 前　言

　　早在法国人达盖尔获颁摄影术专利权之前,已经有人见证了影像的存在,但是由于尚未掌握定影技术,逐渐显现的影像继续不断变黑,并最终昙花一现,而这一光与影的魔术却让无数人着迷甚至魂牵梦绕。在历经无数次失败与革新的探索之后,摄影终于发展成为一门具有特殊"语法"的无国界视觉语言,并潜移默化地影响着社会的发展进程,更改变着人类自身的命运。

　　一幅优秀的摄影作品,既是对被摄体的一次精彩再现,也是对其创造者的一次客观描述。科技含量和智能化程度再高的摄影器材,也不可能完全自动呈现出摄影师的主观创作意图,敏锐的观察力和娴熟的摄影技巧等主观因素,从来都是摄影创作过程中不可或缺的要素。

　　摄影无疑是关于"光"的艺术,更有人将之比喻成"光影绘画",没有光线,摄影也就无从谈起了。在并不漫长的摄影发展史中,前进的每一步脚印都伴随着摄影术的改良与革新,而对摄影术的每一次变革产生催化作用的,是感光材料技术的发展。

　　诞生之初的摄影术是有钱人的专属消费品,采用贵金属制作而成的照相底版,需要数十分钟甚至更长的曝光时间,因此在当时的摄影工作室内,常能看到这样一幅滑稽的画面:前来拍摄肖像的富人端坐于很高靠背的座椅上,头部被椅背上伸出的一根金属支架牢牢固定,摄影师郑重其事地打开相机镜头盖启动曝光,于是在接下来的数十分钟内,被拍摄者必须纹丝不动地去面对支在架子上的庞大相机,好似对峙一般地经受一段被拍摄的煎熬。

　　感光材料的发展经历了从金属到玻璃再到纸质的逐步改良,后来发展成胶片,并最终伴随数字化革命而诞生了数字影像传感器。感光材料对光线的敏感程度也在不断提升,从数十分钟缩短到了几千分之一秒,甚至能将一颗子弹打穿苹果的瞬间清晰呈现出来!

　　摄影术的发展给摄影创作带来了无限可能，同时也对摄影的曝光控制提出了更高的要求。曝光是摄影成像的物理基础，是对摄影过程中底片或数字影像传感器所接受的光照总量的一次记录。控制曝光，是摄影师在摄影创作中实现主观创作意图的重要手段。因此，曝光控制既是摄影技术层面的起点，也是摄影创作层面的重要一环。

　　曝光控制绝不仅是控制按快门的那一刹那，更是一项复杂的系统工作，它涵盖了"技术性正确曝光"和"创意性准确曝光"两个层面的内容，涉及摄影者对拍摄主题的规划和对画面最终效果的预先想象，以及对光圈、快门、感光度、量光、订光、滤光镜等技术手段的应用和后期的制作方法。

　　综上所述，摄影的曝光控制不能简单地置于纯技术语境中去研究，而是应当在创作的层面进行综合分析和应用，这也正是本书写作的初衷和中心思想。

　　本书的目标读者群是职业摄影师和正在向专业层面探索的资深摄影爱好者，而在专业摄影领域，至今仍旧是胶片与数字并存的状态，作为仍处于发展过程中的数字成像技术，在一些具体拍摄题材和拍摄条件下，尚无法取代传统银盐技术。因此，本书在内容上将胶片和数字技术一并纳入研究范畴，既有纵向分述，也有横向比较，较目前所能见到的同类出版物，本书更为完整而系统呈现了摄影感光成像技术的发展脉络与交互应用。本书的另一个创新之处，是提出了"前期曝光控制"和"后期曝光控制"的观点，首次将传统的摄影曝光控制理论，用"拍摄阶段的曝光控制"和"后期阶段的曝光控制"加以定义和研究，特别是在曝光控制语境下分析后期阶段的传统胶片洗印技术和数字化暗房技术。长期以来，传统摄影曝光控制技术相关论著的研究重心，主要侧重于摄影控制技术领域，而忽略了观看环境和条件对摄影曝光评价的作用与影响，本书则从"个体视觉辨识差异"和"观看环境与观看方式差异"两方面内容入手，将"观看"纳入曝光评价系统。作者希冀通过上述内容结构与研究视野的几点创新之处，力求为传统曝光技术理论研究和探索提供新的视角。

# 目　　录

# 第一章 曝光的控制与评价系统

要实现符合摄影师主观创作意图的曝光控制,需要了解和掌握影响曝光的各系统因素,并在系统稳定的基础上控制曝光。

## 第一节 曝光的控制系统

### 一、量光工具

测光表是测量光线强度的工具,通过测量光线照度或者被摄体亮度,给出曝光量的建议。

#### (一)曝光参数表

摄影术诞生之初,曝光控制全靠摄影师的经验和运气。一种由经验总结制作的纸质"曝光参考表",给出几种特定天气和光效下的推荐曝光量,成为当时流行的曝光控制参照标准,甚至一些照相机品牌直接将其印制在了机身上。

#### (二)曝光计算盘

显而易见,曝光参考表上的曝光参数并不能适应复杂的拍摄条件,无法满足更高的专业要求,于是一种实用性更强的"曝光计算盘"应运而生。

这种对曝光数据的估算表格,并不具备测量光线的功能,还不是真正意义上的测光表;直到 20 世纪初,真正能够测量光线强度的测光表终于诞生了。

#### (三)相纸感光式测光表

最早期的"相纸感光式测光表",密封表壳内装有多张极小尺寸的照相纸,使用时抽出一截感光,相纸上的灰度与测光窗参照灰板的灰度最接近时,查阅表壳上的时间换算表得到曝光参数,这种测量方式是入射式测光表的雏形。

"相纸感光式测光表"存在相纸过期和使用成本高的缺点,而纯粹靠肉眼观察灰度的变化,也很难保证精确度,因此存在时间不长就被一种"消光式测光表"取代了。

## （四）消光式测光表

消光式测光表有两种类型：一种是通过读取灰度光楔上不同灰阶所显示的数字，找出其中临界状态的一个刻度，再从换算表上查出相应曝光参数；另一种是双层环形消光式，测光时将量光孔对准被摄主体，旋转双层转盘并通过取景孔（有眼罩的一端）观察内部嵌入的"连续密度光楔"，直到被摄体的纹理越来越暗，呈现将隐将现的状态，再查阅换算表获得曝光参数。

消光式测光表的测光方式，是直接对着被摄体测量反射光，为反射式测光表的雏形。

## （五）电子测光表

发展初期的测光表产品基于简单的光学和机械原理，直到 20 世纪 20 年代，使用电子元件测量光线强度的"电子测光表"问世了。

电子测光表的种类很多，结构特点、量光方式和显示方式各不相同，光敏元件在不同阶段的产品上也有不同特点。

1. 第一代硒光电池测光表

20 世纪 20 年代出现的硒光电池测光表，是第一代电子测光表。硒光电池无须附加供电电源，是一种见光即可产生电流的光电转换元件，与电流计连接，由表头游针指示不同光线下的曝光参数。

20 世纪三四十年代是硒光电池测光技术发展的鼎盛期，广泛应用于独立手持式测光表和机身外接独立式测光表、机身外接联动式测光表和机身内置独立式测光表、机身内置联动式测光表。

硒光电池的缺点是感光灵敏度较弱，电池的外路电阻也不够稳定，硒光电池还具有记忆性，从强光进入弱光环境时会出现一段时间的测光失灵。

到了 20 世纪 60 年代，硒光电池测光表就被逐渐淘汰了。

2. 第二代硫化镉光敏电阻测光表

1961 年，日本潘太克斯（PENTAX）相机最先配备了机身外接式硫化镉测光表。"硫化镉测光表"采用硫化镉光敏电阻测光元件，串联在以微型电池为电源的电路内，当投射到光敏电阻上的光强度发生变化时，光敏电阻的阻值相应变化，带动灵敏电流计指针向不同方向偏转，显示曝光参数。

硫化镉测光表的主要特征如下：

①对光线的敏感度是硒光电池测光表的 100 倍，在月光下也可使用。

②对红光特别敏感，光线含有较多红光成分时，测量读数偏高并导致曝光不足；例如，在钨丝灯或日出、日落的光线下测量，一般需要增加 1/3 的曝光量。

③量光后还原较慢，尤其是测量强光后会产生记忆性，会在几分钟甚至几小时内失去效用，需要等待还原后才能继续使用。

3. 第三代蓝硅光敏二极管测光表

伴随科学技术的飞速发展,光敏元件领域的研发不断取得进展,包括蓝硅光电池(蓝硅光敏元件,SBC)、蓝硅光电二极管(SPD)、硅光敏元件(又称矽光敏元件,SPC)、磷砷化镓光敏元件(GAP(GAsP))和镓光电二极管(GPD)等创新技术大量应用于测光表的更新换代。

现代测光表主要使用蓝硅光敏二极管做光敏元件,与上代光敏元件比较,优势主要体现在:①对光线的敏感度比硫化镉更强,反应速度更快,特别是在微弱光线下优势更加明显;②对光谱的敏感性比硫化镉有明显改进,更接近全色胶卷的光谱敏感性。

蓝硅光敏元件对电能消耗较大,因此目前使用蓝硅光敏元件的测光表普遍采用自动断电的节电设计。

### (六)内测光系统

1962 年,日本宾得公司率先在其 135 单反相机上使用 TTL 内测光系统。

TTL 是英文"through the lens"的首字母缩写,测量的是进入到镜头的光线照度,是真正对胶片或数字影像传感器产生感光作用的光,因此测量精度更高。

使用相机自拍功能拍摄时,为了避免杂光从目镜进入相机,影响测量曝光系统的精确度,大多数单反相机都配备有目镜遮挡片,有的内嵌于目镜内,有的则是独立橡胶盖设计。

采用镜间快门的旁轴取景照相机,由于快门设计在镜头内部,无法实现内测光;采用焦平面快门的旁轴取景相机,如徕卡 M6、M7、康泰时 G2 等,采用的都是内测光系统。

电子快门和电动驱动光圈的发明,实现了内测光与曝光的联动;光圈优先、快门优先和电子程序快门等自动测曝光联动模式,令原本复杂的曝光参数设定和拍摄过程变得十分简单,大大降低了摄影的门槛。

## 二、光圈和快门

光圈和快门是相机上控制曝光的两个主要装置。

### (一)光圈

光圈是控制通过镜头并照射到胶片或数字影像传感器上的光线照度的装置。摄影术发展过程中,出现过以下几种光圈类型:

1. 固定孔径光圈

由硬卡纸或金属薄片制作而成的独立光圈片,每一片上有不同直径的单一圆孔,拍摄时根据光线和曝光的需要,选择相应孔径的光圈片插入镜头上的插槽。

2. 沃德侯瑟光圈

19 世纪中期由欧洲人约翰·沃德侯瑟发明,是可变孔径光圈的雏形,由一系列大小不同的圆孔排列在一个有中心轴的金属圆盘周围,转动圆盘将相应孔径的圆孔移动到光轴上,实现对光圈大小的改变。

3.猫眼式固定快门光圈

由两片具有半椭圆或者半菱形缺口的金属薄片重叠组成,用弹簧作为动力驱动,曝光瞬间,两片叶片反方向相对移动,形成大小不同的椭圆形或菱形光孔,因酷似猫眼而得名。

猫眼式光圈常见于简易一次性照相机上,同时兼有快门功能,但只有一挡固定的快门速度。

4.猫眼式可变快门光圈

快门速度可调,曝光瞬间,双叶片开启到预定孔径大小后,保持该孔径直到所需曝光时间结束再闭合。

5.虹膜式光圈

由多个相互重叠的弧形金属薄片组成,通过叶片的离合改变中心孔径的大小。虹膜式光圈是现代主流光圈的结构形态。

相当长的一段时间内,采用虹膜式光圈的镜头是通过镜头上的光圈调节环来改变光圈大小的。到了 20 世纪 80 年代中后期,伴随电子驱动光圈技术的出现,原有机械驱动方式改为电子步进马达控制,镜头与机身连接的接口也由机械接口变成加装了电子触点的电子接口。自动对焦镜头在结构上也发生了变化,一类仍旧保留光圈调节环和光圈刻度,允许以手动机械方式调整光圈大小,从而确保与早期机械相机机身的兼容性;另一类则取消了光圈调节环,光圈系数由机身液晶屏显示,并通过机身上的光圈调节拨盘调整光圈,因此这类镜头不兼容早期机械相机机身。

机械光圈采用非瞬时式工作方式,手动设定改变光圈时,光圈叶片同时收缩至相应光孔大小。这样的工作原理,导致单反相机取景器的明暗会随光圈大小的改变而变化,光孔越小取景器就越暗,对调焦精度和取景构图都会造成影响。

电子光圈属于瞬时光圈类型,按下快门的同时,光圈叶片才会自动收缩到预设孔径大小,曝光前后则始终处于最大孔径的全开光圈状态,便于精确调焦构图。

## (二)快门

光圈的作用是控制感光材料在一定时间范围内接收光照的强度,那么控制光照时间长短就由快门来完成。

1.根据安装位置不同进行分类

根据安装位置的不同将快门分为"镜间快门"和"焦平面快门"两类。

(1)镜间快门。早期兼具快门功能的猫眼式光圈即属于镜间快门的一种,但是由于结构和功能过于简单,很快被虹膜式光圈结构的镜间快门取代了。

大多数镜间快门也兼具光圈的功能,因此也称为"光圈快门"。

镜间快门常见于大画幅座机镜头和旁轴取景可换镜头相机,一些120中画幅相机,如 Mamiya RB67 Pro SD,也采用镜间快门的设计。

镜间快门的主要优点:

①位于镜头内部,结构简单;

②可以实现全速度闪光同步;

③体积小;

④曝光与快门弦可以不联动,易于进行多次曝光拍摄;

⑤工作过程中机械震动和噪声都很小;

⑥快门寿命更长。

镜间快门的缺点也十分突出:

①用于可换镜头机身时,每个镜头都需要安装快门,制造成本高;

②最高快门速度受到限制:虹膜式镜间快门的最高速度通常为 1/500 秒;

③曝光与快门弦不联动时,可能导致一格底片被错误地曝光多次。

(2)焦平面快门。焦平面快门安装于机身内的胶片或数字影像传感器平面前部,靠近焦点平面处,以幕帘式结构为主,快门开启时的运动方向有横走式和纵走式两种。

横走式焦平面快门上弦时,前、后幕帘有一部分始终互相重叠,使胶片不会漏光,向另一端横向移动时与幕帘相连接的开关和动力弹簧同时被上紧;快门释放时,前后幕帘之间形成一定的缝隙,以匀速在胶片前扫过的方式进行渐次曝光,缝隙的宽窄对应曝光时间的长短。

横走式焦平面快门的运动距离较长,不能实现很高的快门速度或高速闪光同步,如图 1-1(1)、(2)所示。

1960 年,日本 COPAL 公司发明幕帘结构的叶片式焦平面快门,曝光时遮光叶片做上下运动,即纵走式焦平面快门。

叶片快门由上下两组遮光叶片组成,每组叶片各由一个摇臂及动力弹簧控制。

上快门弦时,两个摇臂分别控制一组遮光叶片做纵向移动,一组叶片由展开状态至收缩,另一组叶片由收缩状态至展开,同时各自摇臂上的动力弹簧逐渐绕紧。在上述运动过程中,两组叶片始终有一部分彼此相互重叠,起到防止胶片漏光的作用。

按下快门按钮瞬间,一组叶片经弹簧驱动由遮蔽曝光窗的展开状态迅速收缩,胶片感光;曝光时间结束,另一组叶片在动力弹簧驱动下由重叠状态迅速展开遮蔽曝光窗,胶片曝光终止。

遮光叶片沿 135 相机矩形曝光窗的短边做纵向运动,位移距离短于沿曝光窗长边做横向移动的横走式快门,因此可以实现更高速快门和更高速闪光同步。

大幅提高快门速度的唯一途径就是提高遮光叶片的运动速度,而运动速度的提高势必会增大遮光叶片的运动加速度和运动惯性,导致快门叶片的撞击增强、噪

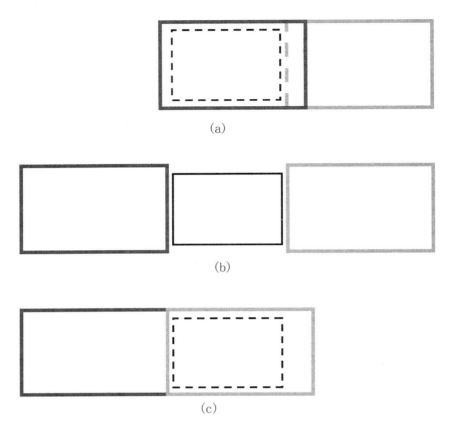

(a)

(b)

(c)

**图 1 - 1(1)　慢速快门**

慢速快门下,前幕帘从右向左移动,直到胶片平面完全暴露于光照下;达到预定曝光时间后,后幕帘从右向左移动,直到完全覆盖胶片平面,曝光结束。幕帘在这种运动方式下所能达到的最高速度,就是相机的最高闪光同步时间

声增大、寿命缩短等一系列不良反应。

　　降低叶片运动惯性的最好途径是从材料上降低叶片重量,早期的解决方案是通过改进热处理工艺提高普通高碳钢或弹簧钢的刚度,同时削薄其厚度,达到降低重量的目的;重量更轻而刚度更强的钛合金材料,提供了更好的解决方案,科研人员采用腐蚀方法降低叶片局部厚度,制成具有蜂巢形加强筋结构的遮光叶片,既保证了足够的刚度,又进一步降低了叶片重量。

　　采用蜂巢形加强筋结构的钛合金叶片于 1982 年正式推出,最高快门速度达到 1/4 000 秒,闪光同步时间达到 1/250 秒(见图 1 - 2)。

　　随着非金属材料技术的发展,一系列重量更轻、强度更高、弹性更好、抗静电、耐老化的新型材料(如 PFT 塑料)应用于遮光叶片制作中。1992 年美能达推出的 9Xi 型单反相机,在遮光叶片材料中加入一定比例的聚碳纤维,实现最高快门速度

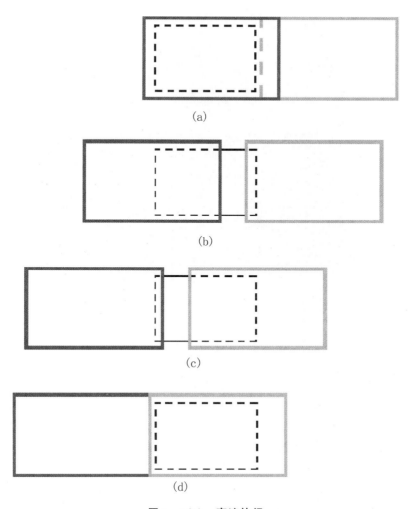

**图 1 - 1（2）　高速快门**

高速快门下，前、后幕帘间隔一定缝隙从右向左移动，光透过缝隙使胶片逐渐感光，直到后幕帘完全覆盖胶片平面

达到 1/12 000 秒，闪光同步时间达到 1/300 秒。

2. 根据驱动方式不同进行分类

快门从驱动方式上分为纯机械快门、机械-电磁快门、纯电子快门三种类型。

（1）纯机械快门。镜间快门和采用摇臂弹簧组合动力驱动的焦平面快门都属于纯机械快门，这类快门成本相对低廉，但是弹簧易老化，从而影响快门精度和使用寿命。

（2）机械-电磁快门。1969 年，日本 COPAL 公司推出由电磁铁取代动力弹簧的电子叶片快门，仍旧使用机械摇臂做牵引装置，属于机械-电磁快门的一种。

**图 1－2　采用蜂巢形加强筋结构钛合金快门叶片的尼康 FM2 型单反相机（作者摄）**

与纯机械快门不同，机械-电磁快门的优势显而易见，不仅精度和使用寿命都得到增强，其最高快门速度和闪光同步时间也都大幅提高。

（3）纯电子快门。摄影进入数字时代以后，出现了真正意义上的纯电子快门。纯电子快门利用数字影像传感器不通电不工作的原理，在不通电状态下，即便传感器受光线照射也不会曝光产生影像。

当快门按钮被按下时，数字影像传感器瞬间有电流通过，并在一定曝光时间内持续工作，实现对曝光的控制。

常规小型数码相机和数码单反相机均采用机械快门和纯电子快门相结合的快门结构。不同的是，俗称为卡片机的小型数码相机所采用的机械快门，是电磁驱动的镜间快门类型，因为无须更换镜头，采用镜间快门既可以降低成本，也可以减小相机体积。

3. 快门延时问题

使用小型数码相机拍摄时会碰到快门延时问题，这种时滞现象与机械快门的工作方式有关：打开小型数码相机的电源开关后，镜间快门处于开启状态，光线通过镜头到达数字影像传感器，形成影像并出现在机身上的 LCD 显示屏；按下快门按钮曝光拍摄时，镜间快门首先采取瞬间关闭的动作，阻断通过镜头并照射数字影像传感器的光线，目的是消除残余光信号；镜间快门再次开启，同时纯电子快门有电流通过，将接收的光信号记录下来，完成曝光。

正是由于镜间快门先关闭再开启的工作特点，导致小型数码相机在曝光时会出现快门延时现象，即快门时滞。

数码单反相机采用光学取景方式,焦平面快门属于机械-电磁式快门,取景过程中处于关闭状态;相机电源开启后,数字影像传感器进入通电状态,快门按钮被按下的瞬间,反光板抬起,同时焦平面快门开启,数字影像传感器随即被曝光。

目前流行的数码微单相机,取消了单反相机的反光板设计,采用电子取景方式,通过机身上的 LCD 屏或电子取景器(EVF)取景构图;取景构图时,焦平面快门保持开启状态,按下快门的瞬间,焦平面快门关闭以阻断到达数字影像传感器的光线,清除影像传感器上残余的光信号,降低成像的信噪比;焦平面快门再次开启,完成曝光。因此,数码微单相机也存在一定的快门延时。

# 三、滤光镜曝光补偿

滤光镜是常用附件之一,通过对光线性质(波长、振幅、振动方向等)和传播方向(正常传播或者漫射、衍射、折射等)的调节与控制,影响或改变影像全部或局部色调、影调、清晰度和形状,从而在拍摄阶段,而非借助后期数字技术,即可实现特殊影像效果。

## (一)滤光镜的分类

1. 按材质分类

(1)光学玻璃滤光镜:这是现代摄影创作领域最常见的滤光镜材料。

(2)有机光学塑料滤光镜:由聚甲基丙烯酸甲酯(PMMA,俗称光学有机玻璃)加入染料等注塑而成。

(3)有机薄膜滤光片。

(4)夹胶光学玻璃滤光镜。

(5)液体滤光器:常见于科学实验领域,极少用于常规摄影创作。

2. 按形状分类

摄影用滤光镜有方形和圆形两种。方形滤光镜体积较大,需要借助插座安装于镜头前,不受镜头口径限制,具有很好的通用性;圆形滤光镜通过螺纹或卡口直接安装在镜头前端或后端,直径需要与镜头口径匹配,或者借助大转小转换接圈,因此通用性较差,但是携带方便灵活,便于手持相机拍摄时使用。

3. 按用途分类

(1)常规效果滤光镜。

①彩色摄影用滤光镜:包括冷调校色温滤镜、暖调校色温滤镜、彩色补偿滤镜等。

②黑白摄影用滤光镜:包括黄滤光镜、橙滤光镜、红滤光镜、蓝滤光镜、绿滤光镜等。

③彩色、黑白摄影通用型滤光镜:包括 UV 镜、中性密度镜、偏振镜等。

（2）特殊效果滤光镜。如星光镜、衍射镜、近摄镜、半幅近摄镜、多像镜、变形镜、动态晕化镜、速度镜等。

### （二）摄影滤光镜的曝光补偿

由于多数滤光镜（UV 镜、天光镜除外）对光线具有阻光和吸收作用，会降低胶片或数字影像传感器接收到的光线照度，使用时需要进行曝光补偿。

必须注意的是，只有在使用独立手持式测光表量光时，需要在曝光量基础上额外计入所用滤镜的相应曝光补偿量。使用单镜头反光照相机拍摄，并借助相机的内置测光系统量光时，测光表所测量的是通过滤光镜和镜头后的光线照度，给出的曝光量参考已经计入曝光补偿量，不需要再做额外补偿。

摄影滤光镜的曝光补偿量一般用级数或者倍数标示。

曝光补偿级数，是使用该滤光镜时应当增加的光圈级数或应当延长的快门挡数；曝光补偿倍数，是使用该滤光镜时应当增加的曝光量倍数。

主流品牌的黑白摄影用滤光镜曝光补偿量参考如表 1－1～表 1－3 所示：

表 1－1　美国柯达雷登系列黑白摄影用滤镜曝光补偿量参考

| 滤光镜序号 | 滤光镜颜色 | 日光下补偿倍数 | 灯光下补偿倍数 |
|---|---|---|---|
| 3 | 浅黄 | 1.5 | 1 |
| 4 | 黄 | 1.5 | 1.5 |
| 6 | 浅黄 | 1.5 | 1.5 |
| 8 | 中黄 | 2 | 1.5 |
| 9 | 深黄 | 2 | 1.5 |
| 11 | 略偏黄的浅绿 | 4 | 4 |
| 12 | 深黄 | 2 | 1.5 |
| 13 | 略偏黄的绿 | 5 | 4 |
| 15 | 深黄 | 2.5 | 1.5 |
| 21 | 中橙 | 5 | 4 |
| 23A | 浅红 | 6 | 3 |
| 25 | 中红 | 8 | 5 |
| 29 | 深红 | 16 | 8 |
| 47 | 中蓝 | 6 | 12 |
| 47B | 深蓝 | 8 | 16 |
| 50 | 极深蓝 | 20 | 40 |

（续表）

| 滤光镜序号 | 滤光镜颜色 | 日光下补偿倍数 | 灯光下补偿倍数 |
|---|---|---|---|
| 58 | 中绿 | 6 | 6 |
| 61 | 深绿 | 12 | 12 |
| PL（偏振镜） | 中性灰 | 2.5 | 2.5 |

（注：数据来自各滤光镜品牌厂家的公开资料，由作者汇总自制表格）

表1－2　日本保谷黑白摄影用滤镜曝光补偿量参考

| 滤光镜型号 | 滤光镜颜色 | 口光下补偿倍数 | 灯光下补偿倍数 |
|---|---|---|---|
| K2 | 黄 | 2 | 1.5 |
| G | 橙 | 2.5 | 2 |
| 25A | 红 | 8 | 4 |
| XO | 黄绿 | 2.5 | 1 |
| X1 | 略偏黄的浅绿 | 4 | 3 |
| PL（偏振镜） | 灰 | 3～4 | 3～4 |
| PL-Cir | 灰 | 3～4 | 3～4 |
| ND2 | 浅灰 | 2 | 2 |
| ND4 | 中灰 | 4 | 4 |
| ND8 | 深灰 | 8 | 8 |

（注：数据来自各滤光镜品牌厂家的公开资料，由作者汇总自制表格）

表1－3　日本肯高黑白摄影用滤镜曝光补偿量参考

| 滤光镜型号 | 滤光镜颜色 | 日光下补偿倍数 |
|---|---|---|
| Y2 | 黄 | 2 |
| YA3 | 深橙 | 4 |
| R1 | 红 | 8 |
| POO | 黄绿 | 2.4 |
| P01 | 略偏黄的浅绿 | 4 |
| ND2 | 浅灰 | 2 |
| ND4 | 中灰 | 4 |
| ND8 | 深灰 | 8 |

(续表)

| 滤光镜型号 | 滤光镜颜色 | 日光下补偿倍数 |
|---|---|---|
| PL（偏振镜） | 灰 | 2.5 |

（注：数据来自各滤光镜品牌厂家的公开资料，由作者汇总自制表格）

主流品牌的彩色摄影用滤光镜曝光补偿量参考如表1-4～表1-6所示。

表1-4　美国柯达雷登系列彩色摄影用滤镜曝光补偿量参考

| 滤光镜型号 | 曝光补偿倍数 | 滤光镜型号 | 曝光补偿倍数 |
|---|---|---|---|
| 80C＋80C | 4 | 85B＋85C | 2 |
| 80A | 4 | 85＋85C | 2 |
| 80B | 3.2 | 81C＋85B | 2 |
| 82C＋82C | 2.5 | 85B | 1.6 |
| 80C | 2 | 85 | 1.6 |
| 82C＋82B | 2.5 | 85C | 1.26 |
| 82C＋82A | 2 | 81EF | 1.6 |
| 80D | 1.26 | 81＋81D | 2 |
| 82C＋82 | 2 | 81D | 1.6 |
| 82C | 1.6 | 81C | 1.26 |
| 82B | 1.6 | 81B | 1.26 |
| 82A | 1.26 | 81A | 1.26 |
| 82 | 1.26 | 81 | 1.26 |

（注：数据来自各滤光镜品牌厂家的公开资料，由作者汇总自制表格）

表1-5　日本保谷彩色摄影用滤镜曝光补偿量参考

| 滤光镜型号 | 曝光补偿倍数 | 滤光镜型号 | 曝光补偿倍数 |
|---|---|---|---|
| 80A | 2.4 | 85 | 2 |
| 80B | 2 | 85B | 2.1 |
| 80C | 1.9 | 85C | 1.8 |
| 82A | 1.3 | 81A | 1.4 |
| 82B | 1.4 | 81B | 1.4 |

（续表）

| 滤光镜型号 | 曝光补偿倍数 | 滤光镜型号 | 曝光补偿倍数 |
|---|---|---|---|
| 82C | 1.5 | 81C | 1.5 |

（注：数据来自各滤光镜品牌厂家的公开资料，由作者汇总自制表格）

表 1-6　日本肯高彩色摄影用滤镜曝光补偿量参考

| 滤光镜型号 | 曝光补偿倍数 | 滤光镜型号 | 曝光补偿倍数 |
|---|---|---|---|
| C2 | 1.2 | W2 | 1.2 |
| C4 | 1.4 | W4 | 1.4 |
| C8 | 2 | W12 | 2 |
| C12 | 2.8 | | |

（注：数据来自各滤光镜品牌厂家的公开资料，由作者汇总自制表格）

# 四、感光材料性能

## （一）潜影

胶片在曝光之后显影之前，已有潜影存在于感光乳剂层。潜影是由卤化银在曝光过程中经光化作用形成的银原子，在乳剂层疏密不等分布而成。

潜影形成的过程分为两个阶段，即电子运动阶段和离子运动阶段，具体过程如下：

（1）曝光时卤化银晶体受光照射，部分溴离子与光子反应放出电子，这些电子能够在卤化银晶体间自由运动。

（2）卤化银晶体上存在有感光中心，可以捕获运动中的电子，使感光中心具有了负电荷。

（3）卤化银晶体中带有正电荷的晶格间的银离子，受到捕获电子后的感光中心产生的库仑引力吸引，与感光中心上的电子结合生成银原子。

（4）感光中心上的银原子数量积聚到 4 个以上时，就可以生成一个稳定的显影中心，即潜影。

经曝光产生潜影的胶片，如果放置一段时间以后才显影冲洗，底片会出现类似曝光不足的现象，这是潜影衰退的表现。潜影衰退属于一种化学反应，其衰退速度和程度受许多因素的影响。

（1）正片比负片潜影衰退快。

（2）彩色胶片比黑白胶片潜影衰退快。

（3）胶片保存环境中的湿度越大，潜影衰退越快；温度越高，潜影衰退越快；氧浓度越高，潜影衰退的越快。

因此，胶片在曝光拍摄后应尽快显影冲洗，如果条件所限而无法马上冲洗，应存放于低温低湿环境，以延缓潜影衰退的速度。

负片曝光不足时，还可以通过潜影加强的方法，将已曝光的负片再次置于微弱光线下均匀曝光，可以改善暗部层次。经过潜影加强处理的胶片显影后，影像反差明显降低，灰雾度明显增强。

### （二）感光度

"感光度"是直接影响摄影曝光控制的一项重要指标。

在同等光线照度下，感光度越高所需要的曝光时间越短，对画面质量的负面影响也越明显（如胶片颗粒或数字影像的噪点）。

摄影发展的初期阶段，各胶片生产厂家使用各自不同的标准对感光度进行标示，如美国的 ASA 和 Weston，德国的 DIN 和 Scheiner，苏联的 GOST 和 Roct，日本的 NSG 和 GHQ，英国的 BIS、H&D 和 ILFORD 等（关于 ASA 和 DIN 下文有具体解释）。

杂乱的感光度标示方法显然无益于全球流通，于是有两种标准被保存下来并得以普及，即"ASA"制（American Standards Association，美国标准协会）和"DIN"制（German Institute for Standardization，德国标准化学会）。

"ASA"采用算术标尺计量法，每间隔 1 倍的数字所标示的感光度也相差 1 倍，如 ASA200 比 ASA100 的感光度高 1 倍。

"DIN"采用对数标尺计量法，数字每相差 3，感光度即相差 1 倍，因此 DIN24°的胶片感光度比 DIN21°的高 1 倍。

1987 年"国际标准化组织"制定了国际感光度标准，即"ISO"，它由 ASA 标准延续而来，如 ISO100，其感光度与 ASA100 完全相同。ASA 和 DIN 两种标示方法的对照如表1-7所示。

表 1-7　感光度对照表

| ISO 算术标度（ASA） | ISO 对数标度（DIN） |
|---|---|
| 6 | 9° |
| 8 | 10° |
| 10 | 11° |
| 12 | 12° |
| 16 | 13° |
| 20 | 14° |

（续表）

| ISO 算术标度（ASA） | ISO 对数标度（DIN） |
|:---:|:---:|
| 25 | 15° |
| 32 | 16° |
| 40 | 17° |
| 50 | 18° |
| 64 | 19° |
| 80 | 20° |
| 100 | 21° |
| 125 | 22° |
| 160 | 23° |
| 200 | 24° |
| 250 | 25° |
| 320 | 26° |
| 400 | 27° |
| 500 | 28° |
| 640 | 29° |
| 800 | 30° |
| 1 000 | 31° |
| 1 250 | 32° |
| 1 600 | 33° |
| 2 000 | 34° |
| 2 500 | 35° |
| 3 200 | 36° |
| 4 000 | 37° |
| 5 000 | 38° |
| 6 400 | 39° |
| 12 800 | 42° |
| 25 600 | 45° |
| 51 200 | 48° |
| 102 400 | 51° |

胶片感光度的通用标示方法,是在包装上同时标出 ASA 数值和 DIN 数值,如"ISO100/21°"的感光度标示。

感光度的识别方法,一种是将"ISO"的数值直接标示在胶片包装上(见图 1 - 3),另一种是采用电子编码的形式,即胶片的"DX 编码"(见图 1 - 4),DX 编码能被相机胶片仓内的电子触点直接读取并自动设定胶片感光度(见图 1 - 5)。

图 1 - 3    "ISO"数值标示在胶片包装上(作者摄)

图 1 - 4    DX 编码示例图(作者摄)

图 1 - 5    DX 编码自动设定胶片感光度(作者摄)

传统胶片通过改变感光乳剂的化学成分来影响其光线敏感性。数码相机的感光元件固定不变,那么在数码相机上是如何实现感光度变化的呢?

数码相机感光元件的曝光与相应曝光量的获取是通过电子信号增益技术实现的。

与 ISO 数值对应的是电子信号增益值,数码相机感光度的提高和降低是通过电子信号增益值相对于标准值的增高和降低而实现的。

提高电子信号增益值的方法,可以通过放大电荷信号,即强行提高影像传感器上每个像素点的亮度和对比度,还可以把影像传感器上多个像素点合并成为一个,来提高其感光的敏感性。

假设数码相机将 ISO100 设定为标准感光度,即此时感光元件的每个像素点都独立感光,当感光度被提高到 ISO200 时,就需要将两个像素点合并成一个进行感光,从而获得两倍的感光速度,如果提高到 ISO400,以此类推就是把四个像素点合并成一个进行感光,从而获得四倍的感光速度。

上述提高电子信号增益值的方式都会对影像画质造成损失,即感光度越高,数字噪点越明显,解像力越低,色彩还原也会受到影响(见图 1-6,彩插部分)。

传统摄影胶片的后期显影工艺,或者数字影像的后期处理方法,对最终画面的曝光效果也能造成影响,相关内容将在本书第六章中做详细介绍。

# 第二节　曝光的评价系统

对于一幅摄影作品的评价,大多基于人眼的视觉感受,因此视觉的主观能动性在整个评判过程中发挥着积极的主导作用。但是,一个不容忽视的现实是,不同个体的视觉辨识度存在明显差异性,而这种差异性既受先天生理结构特征的制约,也受后天视觉经验积累度和观看环境等客观条件的影响。

## 一、个体视觉辨识差异

### (一)视觉的明适应与暗适应

视觉适应是视觉器官的感觉随环境亮度刺激而变化的过程,以及这一过程达到的最终状态。视觉适应的机制包括视细胞或神经活动的重新调整,瞳孔的变化及明视觉与暗视觉功能的转换。

在视觉系统中,主导暗视觉的是视杆细胞,主导明视觉的是视锥细胞,当环境亮度发生突然变化时,就会出现视锥细胞和视杆细胞活动的转换。

由黑暗环境进入明亮环境,眼睛过渡到明视觉状态,称为明适应,这个过程通常较短,一般可在一分钟内完成。

由明亮环境进入黑暗环境,眼睛转换成暗视觉状态,称为暗适应,这个过程约需十几分钟到半小时。

### (二)明适应

从以视杆细胞活动为主的黑暗处突然来到明亮处时,最初一瞬间会感到强光耀眼发眩,眼睛睁不开,什么都看不清楚,要过几秒钟才能恢复正常,此时视觉系统转换为以视锥细胞活动为主的状态,这就是视觉的明适应现象。

明适应的过程一般比较迅速,由于所用的测定方法不同,得到的结果也不尽相同。一般来说,在最初半分钟内感受性下降很快,以后适应的速度有所减慢,1分钟内即可达到稳定状态。

### （三）暗适应

从以视锥细胞活动为主的明亮处突然进入黑暗处时,视觉最初会一无所见,随着停留时间的增加,人眼对光的感受性或敏感度会逐渐恢复,并转变为以视杆细胞活动为主的状态,这就是暗适应过程。

暗适应的过程分两个阶段:一是视锥细胞的快速暗适应过程,通常在7～8分钟完成;二是视杆细胞的慢速暗适应过程,一般需要20分钟左右才能完成。

### （四）色彩视觉感受的同时对比与连续对比

1. 同时对比

同时对比指视觉在同一空间与时间内所观察与感受到的不同色彩间的对比视错现象。

同时对比主要体现为视觉对色彩的色相、明度、饱和度等主要特征的感受差异性。例如,当明度差异巨大的两种颜色并置时,明度高的颜色显得更加明亮,而明度低的颜色则会更加黯淡;当色相各异的两种颜色并置时,相互受到对方补色的影响,如红色与黄色并置,红色会偏紫红,而黄色会偏黄绿,因此互补色并置时,各自饱和度都会增加,如把红色与绿色并置,红色会更红,绿色会更绿;当有彩色系与无彩色系的颜色并置时,有彩色系颜色的色觉稳定,而无彩色系颜色会带有彩色系颜色的补色残像,如红色与灰色并列,灰色会呈现灰绿的效果(见图1-7～图1-9彩插部分)。

2. 连续对比

连续对比指视觉在不同时间段内所观察与感受到的色彩对比视错现象。

连续对比主要体现在视觉对色彩的色相和明度的感受记忆再现,即颜色对视觉的刺激作用突然停止后,人的视觉感应并非立刻消失,而会出现"视觉残像"。

"视觉残像"是眼睛持续注视某种颜色导致视神经兴奋而留下的痕迹,分为正残像和负残像两类。

所谓"正残像",又称"正后像",是连续对比中的一种色觉现象,在停止色彩的视觉刺激后,视觉仍然暂时保留原有色彩映像。例如,眼睛凝视红色一段时间后,当红色瞬间移开而眼前仍会有红色浮现。通常正残像的停留时间为0.1秒左右。

所谓负残像,又称"负后像",是连续对比的另一种色觉现象,在停止色彩的视觉刺激后,视觉依旧暂时保留原有颜色的补色映像。

负残像的反应强度和停留时间长短与眼睛凝视色彩的时间长短成正比,即持续观看时间越长,负残像的转换效果越明显,持续时间也越长。

视觉负残像是由视网膜锥体细胞的变化造成的,例如,持续凝视红色时,红色感光蛋白元因长久兴奋而转入相对抑制状态,此时眼睛移向一张白纸,处于兴奋状态的绿色感光蛋白元就会"趁虚而入",白纸上就会呈现绿色的映像。

除色相外,科学家还证明视觉对色彩的明度也有负残像反应,如白色的负残像是黑色,而黑色的负残像则为白色。

## 二、观看环境与观看方式差异

鉴于视觉的生理机能特征与个体差异,当观看摄影作品的环境发生转换,特别是环境亮度发生较大变化时,一定要在充分的视觉适应以后再行观看和评判。

观看环境中的光源照度和色温,也能对视觉感受产生直接影响。

由于自然光在一天中的不同时间段,会有色温和照度的变化,因此理想的观看光源应该是发光强度恒定的标准人工光源。2000 年国际标准化组织专门制定了一个标准,详细规定了标准观看环境的各项规格指标:

### (一)关于标准光源

(1)光源的色温必须是 5000K 或 6500K。在这种光源色温下观察颜色,基本近似于在中国大部分地区上午 8 点至 10 点和下午 3 点至 5 点的自然光下观察颜色的效果。

(2)光源的显色指数 Ra>90。在这种光源下,可以正确观察到 90% 以上的颜色。

(3)光源通过反射照射在被观察物体表面上的亮度应达到 2000lx(正负误差为 500lx)。被照表面在 $1m^2$ 的范围内,任一点的亮度不得低于被照表面中心亮度的 75%。

(4)光源通过透射照射在被观察物体表面上的亮度应达到 $1270cd/m^2$(正负误差 $320cd/m^2$)。

(5)显示器的亮度应达到 $>75cd/m^2$。

### (二)对观看环境的要求

(1)观察光源周围的其他照明光源不能直接或间接地影响被观察物体的表面。

(2)观察光源周围的墙板,顶部和底部(包括观察者本人的衣服)以反射率小于 60% 的深灰色为宜。

(3)当观察彩色幻灯片时,照片四周必须留有 50mm 以上宽度的边框,且边框的颜色必须是黑度大于 90% 的黑色。

随着数字技术的发展,显示器、扫描仪、数码相机、彩色数字输出设备的出现,给传统影像行业带来翻天覆地的变化。影像记录和交流的方式虽然变得丰富多彩了,但也随之带来一系列色彩再现的问题:如何让扫描仪或数码相机真实还原被摄体的色彩？如何让不同的显示器呈现相似的色彩？如何让彩色数字输出设备（数码冲扩机、打印机等）尽可能实现显示器上所见的打印质量？

　　为了解决上述种种问题，"色彩管理"的概念应运而生，与之相关的内容将在本书第六章进行详细讲解。

# 第二章　曝光对画面效果的影响

曝光控制不当,造成曝光过度或曝光不足,对画面效果的影响主要体现在这样几个方面:被摄体的色彩再现、画面的颗粒度、被摄体细节和层次的再现、画面反差,而极长或极短的曝光时间还会导致胶片互易律失效。

## 第一节　曝光对色彩的影响

### 一、色相、明度和饱和度

色彩具有三个基本特征,即色相、明度和饱和度,即"色彩三属性"。

色相是各种色彩之间的区别,也被称为色别。正如每个人都有一个名字,色相正是不同颜色用以相互区分的"名字"。色相是色彩的首要特征,是区别各种不同色彩的最直接标准。从光学意义上讲,色相差别是由光波波长的长短不同造成的。

明度是颜色的亮暗程度。不同色相间存在明度上的差异,黄色的明度最高,紫色明度最低,绿、红、蓝、橙的明度相近,为中间明度。

当相同色相在明度上产生深浅不同的变化时,会给人以不同的视觉感受。

饱和度描述的是色彩的鲜艳程度,即色彩的纯度。饱和度取决于该色中含色成分和消色成分(黑、白、灰、金、银)的比例。含色成分越大,饱和度越高;消色成分越大,饱和度越低。

### 二、曝光控制对色彩的三个属性的影响

曝光控制对色彩的三个属性都能产生影响,而对色彩明度的影响最为直接。

曝光过度会导致色彩明度的提高,而曝光不足则会降低色彩的明度。

饱和度随明度的变化而改变,明度增加时饱和度降低,明度降低时饱和度相应

增加。

色彩的饱和度是区分色相的一个重要依据,不同色相所具有的饱和度不同,因此明度和饱和度的改变,会进一步影响某一色相在画面上的真实再现(见图 2-1~图 2-3,彩插部分)。

## 第二节   曝光对颗粒度和噪点的影响

### 一、颗粒度

将底片制作成照片时,放大到一定程度后,画面会出现明显的颗粒感,而且颗粒感的明显程度与放大倍率成正比。

这种视觉上的颗粒感叫做颗粒性,是由感光乳剂上的卤化银晶体经曝光、显影后在底片上形成不同密度的聚集而产生的一种视觉效果,主要以人眼的主观感受作为评价依据,具有较强的主观性。

对这种影像密度不均匀分布的客观计量,即对颗粒性的客观计量,就叫做颗粒度,它是感光材料的一项重要性能。胶片制作工艺和特性(如感光度的高低)、曝光控制程度、显影冲洗条件,都会对颗粒度造成影响。

曝光过度或不足,对黑白负片和彩色负片颗粒度的影响有所不同:大多数黑白负片的颗粒度随密度的上升而增大,因此曝光过度时,黑白影像的颗粒度随之增加。彩色胶片的颗粒度不随密度上升而增加,甚至在高密度处其颗粒度反而有所下降。

### 二、噪点

数字影像上同样存在程度不同的颗粒感,这就是数字影像的噪点。

数字噪点主要有三种类型:不规则噪点(见图 2-4)、固定模式噪点(见图 2-5)、带状噪点(见图 2-6)。

不规则噪点的产生主要与感光度的高低有关,感光度越高,不规则噪点的程度就越明显。

固定模式噪点又叫热噪点,产生的条件取决于曝光时间长短、拍摄环境温度和感光度的高低。数码相机在低照度光线下经长时间曝光,会在图像上有规律地出现亮的白点,这些白点就是固定模式噪点(热噪点)。拍摄时的环境温度也是产生热噪点的一个主要因素,温度越高,产生的概率就越大,而通常 10℃ 的温差就会令

图 2 - 4　不规则噪点（作者摄）

图 2 - 5　固定模式噪点（作者摄）

图 2 - 6　带状噪点（作者摄）

热噪点程度发生明显差异。ISO 感光度的提高也是导致热噪点增加的一个主要因素。

　　不规则噪点和固定模式噪点都是数字影像传感器在光电转换过程中生成的噪点，而带状噪点则属于"阅读型"噪点，是相机内的 A/D 模数转换器从影像传感器上读取信号，并按预先设定进行文件格式、白平衡、色彩深度等压缩转换时生成的噪点，所以说带状噪点的程度因相机而异。

　　带状噪点在高感光度下的画面暗部区域最为明显，特别是在后期处理过程中，将暗部区域的亮度强行提高，带状噪点会明显增强。

# 第三节　曝光对细节层次的影响

　　曝光失误对底片密度和画面细节层次的影响十分明显。

　　曝光过度会导致底片密度过大,亮部影纹损失,体现在画面上就是亮部细节层次缺失。曝光严重过度时还会导致光渗现象,造成亮部密度的严重扩散。

　　曝光不足时,底片密度明显偏小,暗部影纹损失严重,反映在画面上就是暗部区域的细节层次缺失明显。

　　以下三张底片采用不同曝光量拍摄而成,后期按照统一标准的显影条件冲洗。通过观察每张底片的整体密度情况,以及最大密度(实际景物的高光区域)和最小密度(实际景物的阴影区域)范围的特征,可以进一步比较曝光控制对胶片细节层次的影响(见图2-7～图2-9)。

**图2-7　曝光适当,显影正常的底片(作者摄)**

底片上明暗分明,影纹丰富清晰,最大密度部位黑度适当,最小密度部位层次鲜明,最小密度高于胶片正常灰雾密度

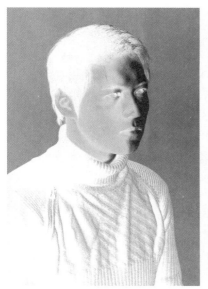

**图 2 - 8　曝光过度，显影正常的底片（作者摄）**

底片上明、暗区域混沌，区分不清晰，大密度部位色黑且浓，看不清影纹，小密度部位比胶片正常灰雾度高出很多

**图 2 - 9　曝光不足，显影正常的底片（作者摄）**

底片整体密度偏薄，趋于透明，最大密度部位层次分明，但黑度偏淡，接近于正常底片的中间密度，最小密度部位与胶片正常灰雾密度相似，且几乎没有影纹

曝光失误对数字影像细节层次的影响与胶片十分相似,曝光过度时,高光区域层次细节损失严重;曝光不足时,暗部区域细节层次损失严重。

数码摄影的即时回放功能,以及后期可借助软件进行校正的特点,导致越来越多的摄影师逐渐简化、忽视拍摄阶段对曝光等各技术环节的严格控制。其实,通过图像处理软件对照片反差和层次的调节,只能是对已有层次和细节的适当强化或弱化,是在有限范围内通过相互对比或陪衬来改善效果。如果原始图像层次丰富,可以给后期提供更大的调整余地,而原始图像如果曝光失误或有其他严重的技术缺陷,后期处理的余地不但非常有限,调整后的质量甚至可能是"惨不忍睹"的(见图 2 - 10、图 2 - 11,彩插部分)。

# 第四节　曝光对反差的影响

在相同光照条件下拍摄同一被摄体,不同曝光量会呈现出不同的影像反差。

曝光过度时,底片密度过大,尤其是亮部的密度过大,影像的整体层次减小,边缘清晰度和反差降低;曝光不足时,底片密度过小,景物暗部的密度与层次减少,影像暗部反差降低。

评估曝光失误对画面整体反差的影响,应根据被摄景物的实际反差情况,分别加以分析(见图 2 - 12～图 2 - 17)。

图 2 - 12　小反差原片(作者摄)

图 2 - 13 曝光不足 2EV，整体反差降低（作者摄）

注：关于 EV 的概念，第四章第三节有详细介绍。

图 2 - 14 曝光过度 2EV，整体反差降低（作者摄）

　　被摄景物明暗反差小，则曝光过度和曝光不足都会降低画面整体反差；被摄景物明暗反差大，则曝光不足会让画面反差增加，而曝光过度会让画面反差降低。

图 2 - 15　大反差原片(作者摄)

图 2 - 16　曝光不足 2EV,整体反差降低(作者摄)

**图 2－17　曝光过度 2EV，整体反差增加（作者摄）**

# 第五节　曝光对胶片互易率的影响

曝光量是由光线照度（光圈）和曝光时间（快门）共同决定的。当底片或图像传感器接受的照度以某一比例增加时，曝光时间将以同样的比例减少，则两者的影响相互抵消，反之亦然。

光圈与快门之间的这种反比互易关系，就是互易律或倒易律（见图 2－18）。

互易律在一定的曝光时长范围内具有较好的精确性，但是极长或极短的曝光时间，互易律就不再遵循上述规律，即互易律失效。

互易律失效在胶片上的表现十分明显。

在低照度条件下，需要的曝光时间相对较长，而单位时间内作用于卤化银晶体上的光子数量较少，被激发产生的电子也相应减少，导致感光中心捕获的电子无法跟银原子快速生成足够稳定的显影中心。在这种不稳定状态下，银原子有可能随时失去电子而脱离感光中心，导致稳定的显影中心由于数量不足，而不能在后期显影冲洗过程中产生应有的密度，即出现曝光不足的结果，这种现象就是低照度互易律失效。

图 2 - 18    长时间曝光，水流呈现云雾效果（张百成摄）

在强照度条件下，所需的曝光时间相对较短，受强光子冲击的卤化银瞬间释放出大量电子，但是卤化银晶体的格间银离子运动相对缓慢，来不及与感光中心捕获的电子发生反应，导致一部分电子与溴原子再次结合生成了溴离子，同样无法生成足够数量的稳定的显影中心，也不能在后期显影冲洗时产生应有的密度，同样出现曝光不足的结果，这种现象就是强照度互易律失效。

由于在极长或极短的曝光时间下，互易律失效都会导致曝光不足，所以需要对曝光量进行校正。最简单的校正方法是直接参照胶片生产厂家针对特定产品所给出的校正参考系数；如果实际曝光超出了给定校正参考范围，则需要在量光基础上再增加一倍曝光时间或开大一挡光圈。

虽然互易律是传统感光材料和数字影像传感器共有的特性，但是互易律失效的现象却只发生在摄影胶片的曝光过程中，由于数字成像原理与胶片差异较大，目前尚无资料证明在数码摄影曝光过程中同样存在互易律失效的问题。

# 第三章　测　光

## 第一节　测光表与基准反光率

测光表是了解拍摄环境的光源照度和亮度分布情况的工具。

测光表将所测得的光度以基准反光率为参照系数进行自动转换计算,并给出推荐的曝光量数值。

不同品牌测光表的内置基准反光率系数并不完全相同,长期以来一种较为普遍的共识是把反光率为18%的灰度系数认定为测光表所普遍认可的基准反光率灰度,这一观点实际上有些片面,例如,作为大多数测光表品牌所遵循的行业标准,ANSI标准(American National Standards Institute 美国国家标准学会)将反光率为12%的灰定义为基准反光率。因此,测光时借助反光率为18%的灰卡测得的曝光量,会曝光不足1/2挡,这也解释了为什么柯达公司在其生产销售的18%标准灰卡的使用说明中,建议增加1/2挡曝光。

根据测光表测光方式的不同,有入射式(照度)测光表和反射式(亮度)测光表两类。

常用测光表的种类有相机内置式测光表和手持独立式测光表两类,前者属于反射式测光表,后者则同时兼有入射式和反射式两种测光方式。

## 一、相机内置式测光表

### (一)平均测光模式

平均测量取景器内所有景物的亮度,对测量区域没有主次之分,适合于光线柔和、主体受光均匀、明暗反差较小的照明条件下使用(见图3-1)。

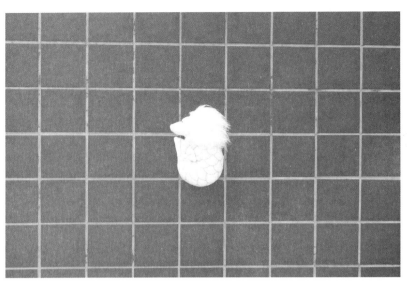

**图 3 - 1    平均测光模式(作者摄)**

注:深色背景前的浅色主体,在平均测光模式下,主体曝光过度。

## (二)偏中央重点测光

在测量取景器内所有景物亮度的基础上,重点测量位于取景器中央区域的景物亮度。在最终测量结果中,中央区域所占比重为 $60\%\sim80\%$。

这种测光模式,是为把主体安排在靠近画面中央区域的构图习惯而设计的(见图 3 - 2)。

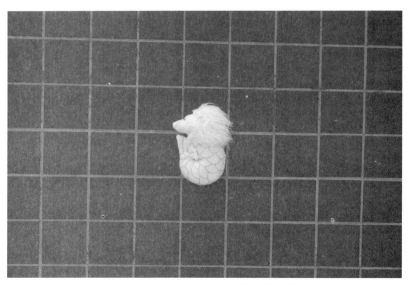

**图 3 - 2    偏中央重点测光模式(作者摄)**

#### （三）多区域评估测光

多区域评估侧光的原理是将取景器划分出若干区域（依据相机品牌和型号的不同，所分区域的数量从几个到几千个不等），进行分区测量后再综合计算评估并给出最终结果（见图 3-3）。

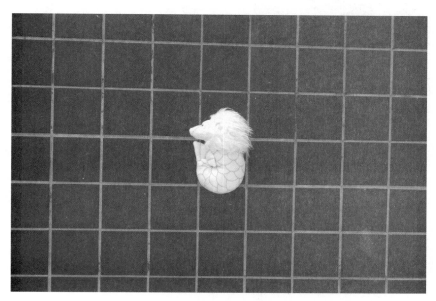

**图 3-3 多区域评估测光模式（作者摄）**

注：浅色主体在画面中占比较小，受大面积深色背景影响，主体高光区域曝光过度。

在评估过程中，被相机内置处理器综合分析的数据有：焦点位置、拍摄距离、处于景深范围以内和以外的景物亮度分配、背景亮度等。

#### （四）点测光

重点测量占取景器全画面 1%～5% 的区域，因为测量面积很小，可以不受取景器内其他景物亮度的影响，因此精确度较高（见图 3-4）。

不同相机的点测光区域存在设计上的差异，较常见的是把测量区域固定于取景器正中央，另有一种可以根据自动对焦点的变换而相应改变测量区域。

点测光模式适合在明暗反差很大的照明状况下使用，如拍摄逆光人像，人物仅有明亮的轮廓光而面部处于阴影中，可以用点测光重点测量人物面部亮度，并以此为基准确定曝光量。

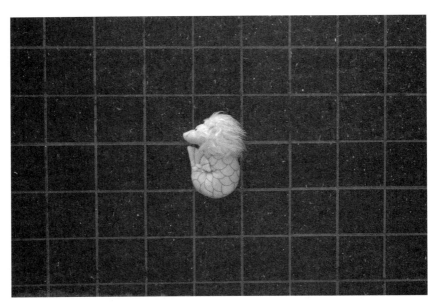

图 3 - 4　点测光模式（作者摄）

# 二、手持式独立测光表

## （一）手持式独立测光表的基本使用方法

下面以一款同时具备入射光、反射光和闪光测量功能的专业级测光表——日产 Sekonic（世光）L558 型为例（见图 3 - 5），介绍一下手持式独立测光表的基本使用方法。

（1）设定测光表感光度，与所用胶片或数码相机的感光度设定相互匹配。

（2）选择入射光或反射光测量模式。通过转动目镜上的"入射/反射"选择开关，刻度点与相应标识对准即可。

当设置为入射光模式时，应根据被摄体的特征，有针对性地升起或者收回测光表顶端的乳白色测光球：拍摄主体为人物、建筑或其他三维物体，需要升起测光球；翻拍图像原稿或其他平面物体，则需要将测光球缩回。

测光表的反射光测光模式，适用于拍摄距离较远的被摄体。与相机内测光系统提供多种反射光测光方式不同，世光 L558 测光表的反射光测光方式为单一的点测光。

（3）选择设定所要测量的光源性质，测光表提供两个选项，即连续光（如太阳光、日光灯或钨丝灯等）和闪光（如闪光灯）测量。

测量连续光时，测光表提供三种曝光方式选择，即快门优先、光圈优先和曝光

图 3 - 5　日产 Sekonic(世光)L588 型测光表(作者摄)

值(EV)。如同相机的曝光模式,测光表的速度优先模式允许手动设定快门速度,测光表给出建议使用的光圈值;光圈优先模式允许手动设定光圈大小,测光表给出建议使用的快门速度。

测量闪光时,有无线和有线两种测量方式选择,此时曝光模式只能选择快门优先模式,这是考虑到相机的闪光同步限制。在无线测量模式下,按下测光按钮,模式标记开始持续闪烁(测量就绪模式会持续 90 秒),手持测光表靠近被摄体,测光球指向相机镜头方向,触发闪光灯,测光表接收到闪光光线,测量值(即推荐的光圈值)就会被显示出来。使用有线测量模式,需要把闪光同步线连接到测光表的同步终端,测量方法与无线测量方式相同,按下测光按钮时闪光灯被同步触发,测光表接收到闪光信号后给出测量值(即推荐的光圈值)。

测量闪光时,所显示的光圈数值是对环境光和闪光综合计算后的混合值。闪光所占全部光量的比例,会以 10% 的步长显示在 LCD 屏幕主显示区的右上角,在显示屏下方的闪光读数模拟标尺上,同时显示出环境光亮度光圈值、闪光亮度光圈值和两者的混合值。这一功能便于在自然光与人工光的混合照明条件下,精确控制画面反差和色彩还原。

### （二）手持式独立测光表的几个实用增强功能

1. 记忆存储功能

测光表可在其内存中独立存储 9 个入射光或反射光的测光值，这一功能可帮助摄影师精确控制照明光比，从而更好地控制画面反差和影调。

2. 平均计算功能

能够计算出储存在测光表内存中的多个测光值的平均值。

3. 光比计算功能

当使用多盏灯光进行人工布光时，摄影师可以分别对主光和辅助光照度进行测量，然后通过测光表的光比计算功能，获得主光和辅助光在 EV 值上的差异，作为校正光比的重要依据。

4. 胶平面点测光

胶平面点测光是使用大画幅座机时的点测光解决方案，除了选择手持式独立测光表，还可以使用专为座机开发设计的胶平面点测光系统。

Profi-Select TTL 焦平面测光表是仙纳座机使用的电脑数字化胶平面点测光系统，由测光表匣、表头、测光探头和数字输入系统组成。使用时将测光表匣插入机背胶片片夹的位置，测光探头可以在整个磨砂玻璃取景屏范围内任意移动定位。这种测光方式可以避免玻璃取景屏对光线产生的光波干扰，还能自动补偿因延长皮腔、使用滤光镜、改变光轴等造成的光照度衰减。

配备了数字输入系统的胶平面点测光系统，可以同时测量闪光和连续光的光强度，然后计算并给出平均曝光量，同时还能对互易律失效做出计算和补偿。

# 第二节　测光方法

测光包括"量光"和"订光"两方面的内容。

# 一、量光

量光，是在测光过程中借助专门的量光工具和有效的量光方法，对拍摄现场的光线强弱进行测量，从而帮助摄影师掌握拍摄现场景物亮度（或照度）大小和亮度分布情况，初步判断曝光时所用光圈大小和快门速度。

用测光表对拍摄现场的光线进行测量，有照度测量和亮度测量两种基本测量方式。

### （一）照度测量

照度测量是针对入射光的测量。

所谓照度,是被摄体表面单位面积上所接受光通量的多少,可分为"点状光源照度"与"平行光源照度"。

1. 点状光源照度

具有一定照射方向并能改变照射距离的人工光源,不仅与发光强度有关,还与照射距离、灯罩大小、反光性能有关。

2. 平行光源照度

平行光源特指太阳光,其照度与时长、所处季节和纬度有关,与到达被摄体的距离无关。

### (二)亮度测量

亮度测量是对反射光的测量。

亮度是指物体的发光面或透光面在人眼观察方向所能看到的明暗程度。

亮度的大小由照度和被照射体表面反光率共同决定。

当照度不变时,反光率越高的物体亮度越高;反光率相同的物体,受到的照度值越高其亮度也就越高。

亮度受到物体表面反光特性的影响。漫反射的物体亮度低,镜面反射的物体亮度高。

### (三)照度测量的基本方法

照度测量(测量入射光)基本方法:手持测光表靠近被摄体,将测光球指向镜头光轴,并确保测光球在照明光线的作用下进行测量。

进行照度测量时,需要注意以下两点。

1. 测光表的位置

在室内人工光作用下,或被摄体受到室外射进的自然光照明时,测光表应尽量靠近被摄主体进行测量,因为此时主体到光源距离的变化,会改变主体受光的强弱;在室外自然光照射下测量照度时,由于太阳到达被摄体的距离很远,测量时既可以在被摄主体的位置也可以在相机的位置,只要测光球的指向一致,测量结果是一样的。但是需要注意的是,必须确保测光表上的测光球与主体的受光一致性。

2. 测光球的指向

测光球的内部是光敏电池,是测光表接收光信号的主要元件。在大多数情况下,测光时应让光敏电池的表面与照相机镜头的光轴相互垂直,也就是将测光球指向镜头光轴。

但是在某些特殊情况下,比如拍摄侧逆光照明的人物面部特写,测光时就应把测光球适当转向人物面部的受光面一侧。

### (四)亮度测量的基本方法

1. 亮度测量(反射式测光)方法

亮度测量是对被摄体反射的光线强度的计量。

使用手持式独立测光表的基本测量方法是将乳白色测光球沿镜头光轴方向指向被摄体。实际上，对曝光具有实际意义的光是进入镜头并照射到胶片或数字影像传感器上的光线，而大多数相机的内测光系统所测量的正是这部分的光，因此测量亮度时，相机内测光的精确度要高于手持式独立测光表。

2. 亮度测量影响因素

需要注意的是，亮度测量所得结果是所计量范围内景物亮度的平均值，其精确程度受测光表的受光角度、测光距离和景物明暗反差等几个因素的影响。

(1)景物自身明暗反差均匀，测光表受光角度大小或量光距离，对量光结果不会有显著影响。

(2)景物明暗反差大，例如，拍摄大面积深色背景衬托下的明亮主体，测光表较大的受光角度或较远的量光距离，都会造成主体曝光过度；反之，如果拍摄大面积明亮背景衬托下的深色主体，就会导致主体曝光不足。

3. 减少量光误差的方法

采用亮度测量方式拍摄明暗反差大的被摄体时，可以通过变焦拉近或者缩短量光距离的方法，让被摄主体尽可能充满相机取景器，这样可以缩小相机内置测光表的受光角度，达到减少量光误差的目的。

采用点测光模式也是有效缩小受光角度的方法，相机内测光系统的点测光，受光角度随镜头焦距的改变而变化，一般在 15 度左右，而手持式独立测光表的点测光受光角度则能达到 1 度角的极小范围。

## （五）照度与亮度的测量比较

1. 照度测量特点分析

照度测量计量的是投射到被摄体的光的强度，测量结果能够准确反映出被摄体的真实影调、色彩和反差特征，不会受到被摄体表面反光差异、背景颜色深浅或明暗以及被摄体质地等因素的干扰。

2. 亮度测量特点分析

亮度测量计量的是经被摄体反射后的光线强度，测量结果会受到被摄体影调、色彩、反差，背景亮度，以及被摄体表面反光特性等诸多因素的干扰，因此量光误差较大。

下面通过三组图片进一步比较照度测量和亮度测量的差异。

摄影棚内使用连续照明光源拍摄石膏像，分别采用测量照度和测量亮度的量光方法，使用白、灰、黑三种颜色的背景，各拍摄一组（每组三张）照片（见图 3 - 6～图 3 - 11）。

图 3 - 6　采用照度测量法,白色背景的颜色还原正常(作者摄)

图 3 - 7　采用亮度测量法,石膏曝光不足,白色背景呈现灰色(作者摄)

**图 3 - 8　采用照度测量法,灰色背景的颜色还原正常(作者摄)**

**图 3 - 9　采用亮度测量法,石膏曝光与灰色背景颜色还原均正常(作者摄)**

图 3 - 10 采用照度测量法,黑色背景的颜色还原正常(作者摄)

图 3 - 11 采用亮度测量法,石膏曝光过度,黑色背景偏亮(作者摄)

## 二、订光

所谓订光,就是在量光的基础上,结合摄影师的主观创作意图和对最终画面效果的预先想象,对量光数据做出进一步修正,并确定最终的曝光量参数。

订光的原则主要从两方面考虑,摄影师的主观创作意图和摄影附件的曝光补偿系数。

从主观创作意图出发的订光原则,可以从画面景深与运动物体的呈现方式、被摄体色彩再现、反差和细节再现等三个主要方面综合考虑。

(1)控制景深与动态呈现。利用互易律特性,可以在量光基础上,做出开大光圈并相应提高快门速度,或是收小光圈并相应放慢快门速度的调整,进而影响画面景深与动态呈现。

(2)控制色彩的再现。被摄体在画面上的色彩再现,也是订光过程中需要着重考虑的内容。曝光可以直接影响被摄体色彩的明度呈现,并改变饱和度和色相。

(3)控制反差与细节再现。摄影对反差的定义,包括景物反差、底片反差和画面反差三个方面。"景物反差"是指被摄景物任意两个区域间的亮度差异;"底片反差"和"画面反差"是指底片上任意两部分的密度差异和画面上任意两部分的影调差异。

由于受传统感光材料宽容度和数字影像传感器动态范围的限制,在高反差且无法进行人工布光干预的拍摄条件下,无论使用摄影胶片或是数码相机都很难将被摄景物的真实反差和全部细节完整再现。因此,需要在订光阶段,结合摄影师的主观创作意图,决定实际亮度范围内应当保留和必须放弃的明暗区域,并确保对主题表达真正具有意义的细节最终能呈现出来。

## 第三节 单一光源照明的量光技巧

测光表在量光时是无法识别被摄主体的实际反光率的,而是把所有亮度都换算成基准反光率亮度,因此在量光过程中,对测量区域的选择尤为重要。如果对被摄体的亮部区域测量并直接曝光拍摄,一定会曝光不足;如果对被摄体的暗部区域测量并直接曝光拍摄,一定会曝光过度(见图 3-12~图 3-14)。

图 3 - 12　曝光正常（作者摄）

图 3 - 13　按亮部量光拍摄（作者摄）

图 3 - 14　按暗部量光拍摄（作者摄）

　　以下是几种实用的量光技巧(假定照明条件都是连续光照明,并且使用点测光的测光模式)。

# 一、标准灰板量光法

　　方法如图 3 - 15 所示。

**图 3 - 15　标准灰板量光法(作者摄)**

　　需要再次重申的是,使用标准灰板量光后,应在原定曝光量基础上增加 1/2 挡曝光量拍摄,原因是目前市面出售的标准中性灰板(以柯达标准灰板为代表)的反光率为 18%,而大多数测光表所遵照的 ANSI 标准,将中性灰定义为 12% 的灰(反光率为 18% 的灰是印刷行业的中性灰标准,而 12% 的灰则是光学范畴内对中性灰的定义)。

　　具体操作方法如下:

　　(1)把一块中性灰板放置在被摄体附近并受相同光源照射,灰板表面指向相机并与镜头光轴垂直,应避免灰板表面出现反光。

　　(2)如果被摄体整体影调趋向明亮,就在测量曝光参数基础上减少 1/2 到 1 倍曝光量。

（3）如果被摄体整体影调趋暗，就在测量曝光参数基础上增加 1/2 到 1 倍曝光量。

## 二、中间调重点量光法

方法如图 3 - 16 所示。

**图 3 - 16　中间调重点量光法（作者摄）**

中间调重点量光法可以省略使用灰板的步骤，但是需要摄影师在拍摄现场能够准确判断景物的中间影调区域。

中间调的亮度应尽量接近于中性灰亮度，因此这种测量法适合明暗反差小、具有明显中间影调的场景。

## 三、中间调多点量光法

方法如图 3 - 17 所示。

图 3 - 17  中间调多点量光法（作者摄）

被摄体有多个区域的影调接近中性灰亮度时,可以对这多个区域分别进行量光,然后计算一个平均曝光量作为曝光参考。

## 四、最亮点或最暗点量光法

方法如图 3 - 18、图 3 - 19 所示。

如果亮度反差较大,如白色背景前的深色物体,或者亮度反差很小,如高调构成或低调构成,可以选择被摄景物中最亮但仍有层次或者最暗但仍有层次的区域作为量光区域。

对亮点量光,应在曝光量参数上增加 2 倍左右 EV 进行拍摄;对暗点量光,则在曝光量参数上减少 2 倍左右 EV 曝光拍摄。

需要注意的是,上述最亮点和最暗点的选择都是仍旧保留有一定层次细节的区域,而非实际景物中毫无层次细节的区域。

图 3-18 最亮点量光法（作者摄）

图 3-19 最暗点量光法（作者摄）

## 五、最亮点与最暗点对比量光法

方法如图 3-20 所示。

图 3-20　最亮点与最暗点对比量光法（作者摄）

分别测量场景中最亮但仍有层次的区域和最暗但仍有层次的区域,将两组曝光量数据做平均数计算,以平均值作为曝光量参考。

在订光阶段,如果被摄体的影调整体偏暗,应在平均曝光参数基础上减少半挡到一挡曝光量;如果被摄体整体影调偏亮,则在平均曝光参数基础上增加半挡到一挡曝光量。

## 第四节　混合光源照明的量光技巧

混合光源照明是一种常用布光方案,例如,拍摄外景人像时,在自然光下常会使用人工光补光照明,或者在室内拍摄时,需要同时呈现室内受人工光源照明的被摄体和窗外自然光线下的景物。

使用混合光源照明,要求布光时明确各光源间的光比大小,即不同光源的照明效果应有主次之分,有主光有辅助光,照明效果才有层次,有立体感。

混合光源照明的量光,关键是确定不同光源的光比,并结合主观创作意图,对光源照度或曝光量做出调整。

主光照明效果决定了照片最终的光影风格,而辅助光的作用是降低画面的明暗反差,利用辅助光对主光下产生的阴影补光,让阴影区域的细节和层次也能适度呈现出来。

"增加光效但不增加投影",这是辅助光使用上的一个重要原则。

混合光照明的主要类型和曝光控制方法如下。

# 一、日光与闪光混合照明

分别测量日光照度和闪光照度,然后根据创作意图对光比的要求,做如下调整(见图 3 - 21,彩插部分):

(1)日光为主光,闪光为辅助光时,以日光照度作为曝光量参考依据,同时将闪光照度调整到比日光照度低 1/2～1EV。

(2)闪光为主光,日光为辅助光时,例如,在傍晚时分拍摄夕阳下的逆光人像,应以闪光照度做曝光量参考依据,并确保其照度比日光高 1EV 左右(见图 3 - 22,彩插部分)。

三种方法改变闪光照度:

(1)直接调整闪光灯的输出功率;

(2)改变闪光灯灯头方向或者在灯头前加装减光附件(见图 3 - 23);

图 3 - 23　改变闪光灯灯头方向或者在灯头前加装减光附件(作者摄)

(3)增加闪光灯到被摄体的距离。

需要注意的是,辅助光照明区域有可能同时叠加部分主光的漫射照明,而主光照明区域也有可能被辅助光叠加照明。拍摄时应注意观察并进行曝光补偿。

室内以内景为主且需要带入窗外景物的拍摄,考虑到白天的室内光线照度通常弱于室外,所以应当调整闪光照度比室外日光照度低1EV左右,并以闪光照度作为曝光量参考依据,以确保窗外景物在画面上适当的曝光过度,让画面整体视觉效果更加接近真实的生活经验。

## 二、闪光灯与低色温白炽灯混合照明

闪光灯与低色温白炽灯的混合照明多出现在室内实景拍摄,如酒吧或宴会大厅等环境。酒吧内的灯光特点较为昏暗,而宴会大厅通常明亮气派,拍摄时应当尽可能保持环境原有的灯光特征,可以用现场光作为主光,以闪光灯做辅助光进行补光。

量光时,靠近被摄主体,分别测量现场光和闪光灯的入射光强度,以现场光照度做订光依据,把闪光灯强度调低1/2～1EV。为了真实还原现场光气氛,当室内现场光整体偏暗时,应在量光基础上减少2/3～1EV曝光量,当室内现场光整体偏明亮时,应在量光基础上增加2/3～1EV曝光量。

可以在闪光灯灯头前加装色温补偿滤色片,达到闪光灯与环境光色温的相互平衡(见图3-24,彩插部分)。

## 三、日光与低色温白炽灯混合照明

日光与低色温白炽灯混合照明的拍摄条件,主要有两种常见情况:

(1)室内内景拍摄时,室内灯光与散射进入的日光构成混合照明。

首先,分别测量日光和室内灯光的照度,掌握它们的实际光比;然后从创作意图出发,确定其中一种光源的照度作为订光依据。

日光照度高于室内环境光照度是比较理想的光比状态。如果被摄主体没有受日光照射,就以室内灯光照度作为订光依据,有意让日光曝光过度一点,来增强画面整体的光线层次;如果日光作用于室内被摄主体,则直接以日光照度订光即可(见图3-25,彩插部分)。

(2)室外黄昏时分拍摄被装饰射灯照明的建筑物外观时,装饰射灯的照度明显高于夕阳的照度,应以射灯照度作为订光依据。装饰射灯照明下,建筑物自身以及建筑与周围环境的光比反差会很大,因此在量光和订光时,应重点保留建筑物高光区域的细节和层次(见图3-26,彩插部分)。

# 第四章　拍摄阶段的曝光控制

## 第一节　正确曝光与准确曝光

### 一、技术性正确曝光

通过摄影曝光控制系统真实再现被摄景物的影调、反差与色彩，以及画面亮部有层次、暗部有细节的高品质曝光控制手段，是在纯技术层面对正确曝光的描述。

### 二、创意性准确曝光

对摄影创作更具实际意义的创意性准确曝光，强调从摄影师的主观创作意图出发，结合对最终画面效果的预先想象，确定被摄景物"有意义的亮部"和"有意义的暗部"，结合量光参数确定曝光补偿量，在最终画面上实现"有意义亮部"有层次，"有意义暗部"有细节的画面高品质控制手段。

对最终画面效果的预先想象，不仅对曝光控制具有指导意义，也会影响摄影师对拍摄角度、镜头焦距、景深、光线造型、摄影胶片类型、数码相机的感光度、文件格式、白平衡设置等一系列选择。

"有意义的亮部"和"有意义的暗部"，不一定是拍摄场景中实际最亮和最暗的区域，而是对主题传达和内容叙事具有实际意义的影调区间。

## 第二节　曝光控制三要素

光圈、快门和感光度是影响和控制曝光量的三个主要技术参数。

光圈大小与快门速度共同决定了胶片或数字影像传感器受光照射所获得的曝

光总量。在一定曝光时间内,光圈决定了通过镜头并投射到胶片或数字影像传感器上的光线照度;快门速度决定了胶片或数字影像传感器受光照射的时间长短。

曝光量不变的前提下,改变光圈大小,快门速度必须随之变化,开大光圈就相应提高快门速度,缩小光圈就相应降低快门速度。

# 一、光圈

光圈孔径由一组 $f$ 系数组成,位于这组 $f$ 系数两端的数值,分别标示最大光圈和最小光圈。光圈的实际大小与 $f$ 系数相反,即 $f$ 系数数值越小,实际光圈越大,通光量也就越强。

镜头的最大光圈是光圈最大孔径的直径与镜头焦距的比值,例如,一个最大光孔直径为 35mm,焦距为 50mm 的镜头,最大光圈就是 $35:50=1:1.4$,即最大光圈为 f1.4。

最大和最小光圈系数,是镜头的首要特征。在同等强弱的光照下,光圈越大,所需要的曝光时间就越短,即允许使用的快门速度就越快,因此光圈也决定了镜头"速度",光圈越大,镜头速度就越快。

从制作工艺上看,定焦镜头的最大光圈可以比变焦镜头做得更大。德国卡尔蔡司公司为美国宇航局限量制作过一枚 50mm 焦距、最大光圈 f0.7 的定焦镜头,曾被世界级著名导演库布里克(Stanley Kubrick,1928—1999)应用于电影拍摄中。变焦镜头的最大光圈一般在 f2.6 至 f2.8 之间,能达到 f2.0 的已经极为少见。

光圈还可以影响画面的景深范围(见图 4-1)。

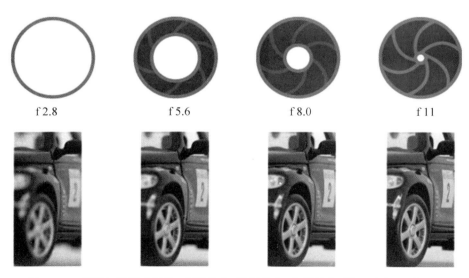

| f2.8 | f5.6 | f8.0 | f11 |

图 4-1　光圈与景深成反比:光圈越大,景深越小;光圈越小,景深越大(作者摄)

所谓"景深",是指画面上景物纵向的清晰范围。

画面上结像最清晰的一点即为焦点,位于焦点之前和之后的景物清晰度逐渐减弱,距离焦点越远越模糊。在焦点前后一定范围内的景物,单凭肉眼观察依然具有相当的清晰度,这一范围区间就是画面的景深范围。

光圈与景深成反比,即光圈越大,景深越小;反之,光圈越小,景深则越大。

景深是摄影叙事的一个重要视觉元素,小景深有利于突出主体,是"细节"叙事,大景深强调空间感,能呈现更为丰富的视觉信息,是"空间"叙事。

焦外成像是衡量一支镜头在大光圈下成像质量的标准之一。

顾名思义,焦外成像是指镜头在画面焦点范围以外区域的成像情况。理想状态的焦外成像应由焦点向外逐渐虚化扩散,虚实边界过渡自然。不好的焦外成像表现为二线性虚化,虚化的边缘轮廓结像较硬(见图4-2、图4-3)。

图4-2　理想的焦外成像(作者摄)

图4-3　不好的焦外成像(作者摄)

## 二、快门

快门决定了通过镜头的光线照射在胶片或数字影像传感器上的时长,即控制曝光时间的长短。

快门开启,胶片或数字影像传感器受光照射而曝光。快门关闭,光线被阻隔,曝光随即结束。

根据安装位置的不同,快门有"镜间快门"和"焦平面快门"两类。

手持相机拍摄时,快门开闭和相机反光板起落所产生的机械振动,可能造成画面模糊。因此在手持拍摄时,最低快门速度不应低于所用镜头焦距的倒数,例如,拍摄时使用 50mm 定焦镜头,那么最低快门速度不应低于 1/50 秒,这是计算手持拍摄时最低"安全快门速度"的方法,使用变焦镜头时,最长端焦距可以作为换算依据。

使用闪光灯时,快门速度必须设定在相机的闪光同步时间或比之更慢的任意快门速度上,不然就会造成闪光不同步的后果(见图 4 - 4、图 4 - 5)。

图 4 - 4　在尼康 FM2 型单反相机的快门速度调节盘上,1/250 秒就是这台相机的最高闪光同步时间(作者摄)

**图 4 - 5　闪光不同步造成的画面效果（作者摄）**

快门速度还从以下两方面影响画面效果：

第一，间接影响景深——快门速度的调整与光圈的改变相互关联，而光圈的改变会导致画面景深范围的变化。

第二，拍摄处于运动状态的被摄体时，高速快门凝固稍纵即逝的精彩瞬间，慢速快门制造动与静的对比，让时间"流动"起来（图 4 - 6）。

**图 4 - 6　慢速快门表现运动主体效果图（Chris Golden 摄）**

## （一）追随拍摄法

　　拍摄处于运动状态的被摄体,镜头光轴与运动方向保持垂直,快门速度通常控制在 1/15 秒或者更慢,手持相机,双脚分开保持稳定站姿,腰部以上沿运动方向同步转动。当主体运动到正前方时,按下快门并继续保持身体同步转动的状态,直至曝光结束（见图 4 - 7）。

图 4-7　追随拍摄法示意图（作者摄）

追随拍摄法的效果如图 4-8 所示，运动中的人物相对清晰，而背景呈现线条状的模糊，一种强烈的运动感跃然于画面之上。

图 4-8　追随拍摄法效果图（高剑平摄）

## （二）爆炸式拍摄法

使用变焦镜头，让被摄主体位于画面构图正中，使用 1/15 秒或更慢的快门速度，曝光过程中迅速改变镜头焦距进行变焦。

为避免变焦过程中相机抖动影响主体清晰度,应使用三脚架确保稳定性(见图4-9)。

图 4-9　爆炸式拍摄效果图(作者摄)

# 三、感光度

胶片标示的感光度,也称为"推荐感光度",是生产过程中使用专业感光仪测定的结果。"推荐感光度"的测定条件和摄影创作中实际使用胶片的条件具有差异。例如,摄影中照射到胶片上的光线,是经过镜头(甚至加装有滤光镜)折反射损耗后的光线照度,而感光仪的曝光不需要使用镜头,光线照度损耗可以忽略。另外,不同品牌、结构的相机、镜头、测光表等设备之间也存在许多差异,以及量光、订光方式方法的正确与否,也都会导致最终结果各不相同。

使用新型胶片或新设备时,都应事先进行实用感光度测试,确定胶片在实用条件下的感光度,并进一步了解该胶片在曝光过度或不足时对影像质量的实际影响程度。

## (一)胶片实用感光度测试方法

(1)使用标准彩色和灰阶卡;

(2)在常用光源(自然光或人工光)照明下进行,以顺光或前测光照明;

(3)可以使用18%反光率的标准灰板做量光基准;

(4)使用相机内置测光表或手持式独立测光表对标准灰板量光,并直接使用量光结果订光拍摄;

(5)以 1/3 级 EV 感光度递增、递减,例如,使用 ISO 100 的胶片,可按 ISO

250、ISO 200、ISO 160、ISO 125、ISO 100、ISO 80、ISO 64、ISO 50 和 ISO 40 拍摄，共九幅，也可以 1/2 级 EV 递增、递减，即 ISO 400、ISO 250、ISO 160、ISO 100、ISO 64、ISO 40 和 ISO 25 分别拍摄；

（6）严格按照标准冲洗配方和流程冲洗显影；

（7）尽量在接近标准光源照明条件下，对拍摄结果进行辨析和评价。

彩插中有九幅照片拍摄于晴朗天气的室外自然光照明，使用富士 PROVIA 100F 反转片（ISO100/21°），以 1/2 级 EV 递增、递减拍摄，后期采用标准 E6 工艺冲洗加工，并在室内全黑环境下使用幻灯机观看分析。肉眼主观观察画面上灰阶的辨识度，和对比标准光源条件下色卡颜色与画面再现的呼应程度，将＋1/2 级确定为曝光指数，即 EI80。以后在使用相同胶片、镜头等设备时，将感光度手动设置为 ISO 80（见图 4－10～图 4－18，彩插部分）。

当拍摄条件发生变化时，如换用其他型号胶片，或其他镜头等设备，应重新进行感光度测定，使用相同规格但不同批次的胶卷时，也应进行感光度测定。

胶片的主要性能指标除感光度外，还有颗粒性、反差性、宽容度、解像力、灰雾度和保存性。除保存性外，胶片各项性能指标间相互影响的内在规律同样适用于数码相机的影像传感器。

## （二）胶片特性的内在规律

胶片特性的内在规律如表 4－1 所示。

### 表 4－1　胶片特性的内在规律表

| 感光度 | 颗粒性 | 宽容度 | 解像力 | 灰雾度 | 反差性 | 保存性 |
|---|---|---|---|---|---|---|
| 高 | 大 | 大 | 小 | 大 | 小 | 差 |
| 低 | 小 | 小 | 大 | 小 | 大 | 好 |

# 第三节　曝光值与曝光指数

EV 是 Exposure Values 的缩写，即"曝光值"，是反映曝光多少的一个量值。当感光度为 ISO 100、光圈系数为 f1、曝光时间为 1 秒时，曝光值即为 EV0。

不改变曝光量的前提下，不同快门速度与光圈的组合，可以得到相同的 EV 值（见表 4－2）。

表 4 - 2　曝光组合与 EV 值对照表

| 速度 \ 光圈 | 1.0 | 1.4 | 2.0 | 2.8 | 4.0 | 5.6 | 8.0 | 11 | 16 | 22 | 32 | 45 | 64 |
|---|---|---|---|---|---|---|---|---|---|---|---|---|---|
| 1 秒 | 0 | 1 | 2 | 3 | 4 | 5 | 6 | 7 | 8 | 9 | 10 | 11 | 12 |
| 1/2 秒 | 1 | 2 | 3 | 4 | 5 | 6 | 7 | 8 | 9 | 10 | 11 | 12 | 13 |
| 1/4 秒 | 2 | 3 | 4 | 5 | 6 | 7 | 8 | 9 | 10 | 11 | 12 | 13 | 14 |
| 1/8 秒 | 3 | 4 | 5 | 6 | 7 | 8 | 9 | 10 | 11 | 12 | 13 | 14 | 15 |
| 1/15 秒 | 4 | 5 | 6 | 7 | 8 | 9 | 10 | 11 | 12 | 13 | 14 | 15 | 16 |
| 1/30 秒 | 5 | 6 | 7 | 8 | 9 | 10 | 11 | 12 | 13 | 14 | 15 | 16 | 17 |
| 1/60 秒 | 6 | 7 | 8 | 9 | 10 | 11 | 12 | 13 | 14 | 15 | 16 | 17 | 18 |
| 1/125 秒 | 7 | 8 | 9 | 10 | 11 | 12 | 13 | 14 | 15 | 16 | 17 | 18 | 19 |
| 1/250 秒 | 8 | 9 | 10 | 11 | 12 | 13 | 14 | 15 | 16 | 17 | 18 | 19 | 20 |
| 1/500 秒 | 9 | 10 | 11 | 12 | 13 | 14 | 15 | 16 | 17 | 18 | 19 | 20 | 21 |
| 1/1000 秒 | 10 | 11 | 12 | 13 | 14 | 15 | 16 | 17 | 18 | 19 | 20 | 21 | 22 |
| 1/2000 秒 | 11 | 12 | 13 | 14 | 15 | 16 | 17 | 18 | 19 | 20 | 21 | 22 | 23 |
| 1/4000 秒 | 12 | 13 | 14 | 15 | 16 | 17 | 18 | 19 | 20 | 21 | 22 | 23 | 24 |

　　EI 是 Exposure Index 的缩写,即"曝光指数",它是一个针对胶片推荐感光度的校正值。

　　胶片上标示的感光度,是厂家在生产过程中使用感光仪精确测量的结果。感光仪没有镜头,测试结果虽然精确,但与实际拍摄条件存在差异,例如,所使用镜头的结构特征、通光率,以及相机、测光表等设备的机械精度等,都会造成推荐感光度与实际感光度的误差。因此,每次使用新型号胶片或新设备时,都需要进行实用感光度测试,以便确定胶片在实际拍摄中的曝光指数。

# 第四节　宽容度与动态范围

　　宽容度用来描述传统感光材料的特性,包括介质宽容度和曝光宽容度两方面。

　　介质宽容度是衡量胶片特性的重要指标,而曝光宽容度对摄影实践更具指导意义。

## 一、介质宽容度

介质宽容度可以定义为感光材料在摄影曝光中按正比关系记录景物亮度反差的曝光量范围。感光材料特性曲线的直线部分在横坐标轴上的投影范围，即直线部两个端点所对应的曝光量范围，就是介质宽容度，以 L 表示（见图 4－19）。

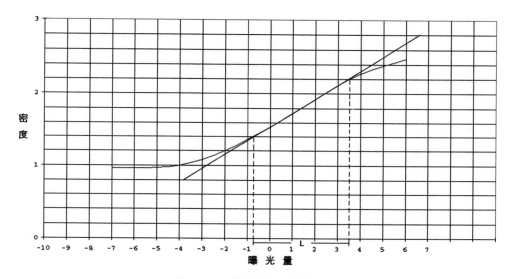

**图 4－19　感光材料特性曲线**

任何一种感光材料在固定冲洗条件下，其介质宽容度是不变的。但是在实际摄影实践中，每次面对的景物亮度范围不同，因此最终的画面层次既跟感光材料性能有关，也与实际景物亮度范围有关。

## 二、曝光宽容度

感光材料的介质宽容度与实际景物亮度范围的比值，就是所用感光材料在实际拍摄条件下的曝光宽容度。

曝光宽容度是实际拍摄条件下感光材料容许的曝光误差范围，结合了景物亮度范围，对摄影实践更具指导意义。

## 三、介质宽容度数值、比值及其含义

一般来讲，介质宽容度与实际景物亮度范围的比值等于 1 时，说明胶片宽容度正好可以容纳景物完整的亮度范围,但是不允许有曝光误差。当比值等于 2 时,曝光容许误差为一级。比值为 0.5 时,表示景物亮度范围超出胶片宽容度一倍。

普通黑白胶片的介质宽容度是 1：128,普通彩色负片的介质宽容度是 1：64,彩色反转片的介质宽容度最低,仅为 1：16,柯达 Tri-X 专业黑白胶片的介质宽容度高达 1：500。

# 四、动态范围

数码摄影领域使用动态范围代替传统感光材料的宽容度,因为动态范围是一个源自信号系统的概念,广义上通常把一个信号系统的动态范围定义为最大不失真电平和噪声电平比值。

## (一)动态范围的内涵

数字影像设备可被看作是一个信号系统,动态范围包含两部分内容,即光学(输入)动态范围和输出动态范围。

光学(输入)动态范围(DR_Optical) = 饱和曝光量 / 噪声曝光量(暗电流)

输出动态范围(DR_Electrical) = 饱和输出振幅 / 随机噪声

光学(输入)动态范围是由电荷耦合器件(CCD)/互补金属氧化物半导体(CMOS)影像传感器决定的,而输出动态范围则由 A/D 模数转换器决定。

计算光学(输入)动态范围的两个数值中,饱和曝光量相当于传统胶片曝光特性曲线上直线部分与肩部的临界,噪声曝光量则相当于传统胶片曝光特性曲线上直线部分与趾部的临界。

通常意义上的数码相机动态范围是指光学(输入)动态范围。

根据目前掌握的一些测试数据,数码相机的动态范围在 1：32～1：64 之间,已经超过了彩色反转片,与彩色负片基本相近。

即便如此,仍旧有一些专业摄影师还在坚持使用胶片拍摄,那么他们的理由是什么呢?

## (二)胶片与数字成像的优劣

让我们通过下面一组曲线来进一步比较胶片与数字成像的优劣(见图 4 - 20、图 4 - 21)。

实验测试的数码相机动态范围图中,特性曲线直线部分涵盖了 8 级曝光量,而彩色胶片曝光特性曲线中直线部分跨度同样为 8 级曝光量,理论上讲,它们在相同拍摄条件下应当呈现出相同的影调层次。

彩 色 胶 片 曝 光 特 性 曲 线

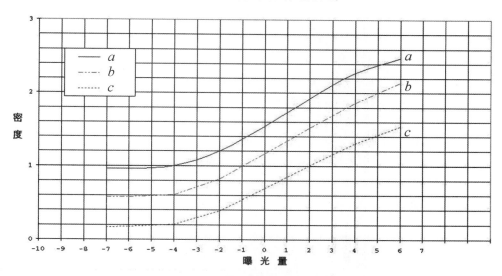

图 4-20　彩色胶片曝光特性曲线

数 码 相 机 输 出 动 态 范 围

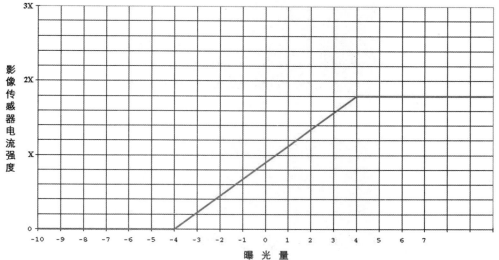

图 4-21　数码相机输出动态范围

　　但是，两组特性曲线由直线部分向肩部和趾部的过度情况出现较大差异：彩色胶片特性曲线显示曝光不足四挡或曝光过度四挡时，胶片仍能记录并呈现一定的影调层次；数码相机在曝光不足和过度四挡的状态下，则完全没有影调层次的变化了。

　　人眼对自然界明暗反差的辨识能力高达 1∶50000，在真实世界中所能看到的亮度范围显然不能通过胶片或数字完整呈现。

### （三）高动态范围成像

　　高动态范围成像（high dynamic range imaging，简称 HDRI 或 HDR）具有更大的光学（输入）动态范围，所生成的 HDR 影像具有比一般数字影像或胶片更加宽泛的有效亮度范围，能够最大限度保留最亮到最暗影调区间内的层次和细节。

　　拍摄城市夜景时常会碰到这样一种情况：造型灯照射下的浅色建筑与夜晚环境的明暗反差极大，这给曝光控制带来很大困难，如果以浅色建筑的亮度为基准曝光，夜晚环境就会严重曝光不足（见图 4－22），如果以环境亮度为基准进行曝光，作为主体的建筑物就会曝光严重过度（见图 4－23）。

图 4－22　曝光不足的夜晚建筑物（作者摄）

图 4－23　曝光严重过度的夜晚建筑物（作者摄）

1. 高动态范围成像技术的优势

高动态范围成像技术提供了有效解决方案。

使用具有高比特(16 比特)位深的 RAW 影像格式(JPEG 格式为 8 比特,无法满足高质量后期合成的需要,RAW 格式和 JPEG 格式第五章第二节有详细介绍),在相同机位以不同曝光量拍摄多幅素材图像(见图 4 - 24)。

**图 4 - 24　不同曝光量的多幅素材图像对比(作者摄)**

借助专业软件,如 Photoshop CS2 及以上版本或 Photomatix,在计算机上将素材合并生成一幅高动态范围影像。

Photomatix 是专业数字影像处理软件,能把多个不同曝光量的素材照片混合成一张高动态范围照片,并充分保留高光和阴影区的层次细节。

2. 高动态范围图像的渲染步骤

高动态范围图像的渲染主要包含色调映射(tone mapping)和晕化(bloom)两个步骤。

未经渲染的高动态范围图像反差较小(见图 4 - 25),无法与电脑屏幕或打印机等常规展示输出设备兼容,经过色调映射渲染后的图像,达到了屏幕观看和打印输出的质量标准(见图 4-26)。

图 4-25　未经渲染的高动态图像(作者摄)

图 4-26　经过渲染的高动态图像(作者摄)

晕化步骤主要起到视觉上的辅助作用,高动态范围图像完成色调映射渲染后,高反差画面上的高光区域被晕化产生模拟光晕效果。

目前一些主流相机品牌已经在部分型号上配备了高动态范围图像自动生成功能,如尼康的 D-Lighting 功能和索尼的自动 HDR 功能(见图 4-27)。

■ 未使用D-Lighting功能。　　　■ 使用了D-Lighting功能。

图4-27　尼康 D-Lighting 使用前后对比（作者摄）

3.数码相机动态范围测试步骤

数码相机实用动态范围测试步骤如下（见图4-28～图4-36,彩插部分）：

（1）使用标准彩色和灰阶卡；

（2）在常用光源（自然光或影室人工光）照明下进行,以顺光或前测光照明；

（3）可以使用18%反光率标准灰板做量光基准；

（4）使用相机内置测光表或手持式独立测光表对标准灰板量光,直接订光拍摄,在画面上标示为0EV；

（5）以1EV间隔做曝光量递减拍摄,拍摄四幅画面并分别标示为-1EV、-2EV、-3EV、-4EV；

（6）返回0EV的曝光量参照,再以1EV间隔做曝光量递增拍摄,拍摄四幅画面并分别标示为+1EV、+2EV、+3EV、+4EV；

（7）将九幅照片在Photoshop软件中打开,无论图片格式为JPEG还是RAW,都不要做任何形式和程度的调整校正；

（8）所有图片放大至100%显示比例,通过仔细观察,在曝光过度和曝光不足序列里找出仍能分辨色阶和灰阶的画面各一幅。

测试结果发现,曝光过度+2EV和曝光不足-3EV时,画面仍旧保留可分辨的色阶和灰阶,据此得出本次测试结论:实用动态范围为+2EV到-3EV,即5挡曝光量。

上述测试方法也可以用于胶片的曝光宽容度测试,测试中应将胶片感光度设定为实用感光度,并在拍摄完成以后,黑白负片采用标准 D-76 工艺、彩色负片采用标准 C-41 工艺、彩色反转片采用标准 E-6 工艺,进行显影冲洗。

# 第五节　相机主要曝光模式及特点

## 一、P-Program Mode 程序曝光模式

全自动曝光模式,相机根据内测光系统测得数据,自动设定快门速度和光圈大小。

## 二、A-Aperture Priority 光圈优先曝光模式

手动设定一个光圈值,相机根据内测光读数自动设定与光圈匹配的快门速度。对景深有特殊要求时首选光圈优先曝光模式。

## 三、S—Shutter Priority 速度优先曝光模式

手动设定一个快门速度,相机根据内测光读数自动设定光圈大小。

快门与"动与静""速度"等概念关系密切,被摄体处于运动状态时,首选速度优先曝光模式精确控制快门速度。

## 四、M—Manual Mode 手动曝光模式

参照量光读数,结合摄影师的创作意图和拍摄经验,手动设定快门速度和光圈大小。

尼康 F4s 型单反相机不光具备四种常规曝光模式,还增加了一个 PH 高速程序曝光模式选项,能在常规基础上将快门速度自动提高 2 挡(见图 4 - 37)。

图 4-37 尼康 F4s 型单反相机(作者摄)

# 第六节 相机的曝光补偿功能

曝光补偿是大多数单反相机的基本功能之一,其补偿范围通常为正负三级 EV,并以 1/3 或 1/2 步长增加或减少,个别数码单反相机还能提供更大范围的曝光补偿。

曝光补偿功能对曝光量的补偿方式,取决于拍摄时所选的曝光模式:光圈优先模式下,相机通过改变快门速度实现曝光补偿;速度优先模式下,相机通过改变光圈大小实现曝光补偿。

曝光模式设为程序曝光时,相机会首先尝试改变光圈实现曝光补偿,除非光圈已经达到调整极限,才会对快门速度做出调整。

程序曝光模式下,假设相机内测光系统给出的曝光组合为光圈 f4,快门速度 1/125 秒,相机内测光曝光量如表 4-3 所示。

表 4-3　相机内测光曝光量

| f1.8 | f2.8 | f4 | f5.6 | f8 |
|------|------|------|------|------|
| 1/500 | 1/250 | 1/125 | 1/60 | 1/30 |

如果曝光补偿设定为＋1EV,相机自动增加 1 挡光圈至 f2.8,快门速度不变,曝光经补偿后过曝 1 挡,曝光补偿如表 4-4 所示。

表 4-4　＋1EV 曝光补偿

| f1.8 | f2.8 | f4 | f5.6 | f8 |
|------|------|------|------|------|
| 1/500 | 1/250 | 1/125 | 1/60 | 1/30 |

如果设定曝光补偿为－1EV,相机就会自动收缩 1 挡光圈至 f5.6,快门速度仍为 1/125 秒,曝光经补偿后欠曝 1 挡,曝光补偿如表 4-5 所示。

表 4-5　－1EV 曝光补偿

| f1.8 | f2.8 | f4 | f5.6 | f8 |
|------|------|------|------|------|
| 1/500 | 1/250 | 1/125 | 1/60 | 1/30 |

相机内测光系统受程序设计所限,在千变万化的拍摄环境条件下常会被"欺骗",出现曝光误差。例如,最常见的一种情况——逆光下拍摄人物,模特背后可能是明亮的窗子,或者大面积的天空、水面等高光,自动曝光下人物会呈现为剪影状态,通过曝光补偿可以保留更多的细节特征(见图 4-38、图 4-39)。

**图 4‑38　内测光基础上开大 2 挡光圈，窗前逆光下的人物呈现出更多的正面特征（Chris Golden 摄）**

**图 4‑39　自动曝光与曝光补偿对比（作者摄）**

　　在光线暗淡的走廊里拍摄，自动曝光导致走廊外的景物曝光过度，走廊的亮度呈现高于实际亮度；右图做了减少曝光量的曝光补偿，走廊的亮度反差接近真实状态，之前过曝的景物呈现出更多细节

　　有时候画面中的景物一部分在阴影下，一部分受到阳光直射，如果直接按量光结果进行拍摄，往往导致明亮区域曝光过度（见图 4‑40、图 4‑41）。

图 4－40　按内测光读数直接曝光拍摄（作者摄）

图 4－41　减少 1EV 进行曝光补偿后的效果（作者摄）

　　冬天在室外拍摄大面积雪景的时候,相机内测光系统也常会出现测曝光误差,需要采取增加曝光量的方式进行曝光补偿,否则雪地会因曝光不足而颜色偏灰(见图 4－42、图 4－43)。

图 4 - 42　按内测光读数直接曝光拍摄(作者摄)

图 4 - 43　增加 1EV 进行曝光补偿后的效果(作者摄)

# 第七节　包围曝光

对于复杂光线照明条件或明暗反差很大的拍摄场景,自动测、曝光容易出现误差,采取包围曝光可以有效提高曝光成功率。

所谓包围曝光,就是针对同一场景按不同曝光量拍摄多幅照片,例如,按照测光推荐曝光量拍摄一幅,增加、减少曝光量再各拍摄一幅。

许多单反相机具有自动包围曝光功能,只需要按一次快门就可以连续曝光拍摄 2～9 幅不同曝光量的画面。

常规自动包围曝光的曝光校正顺序:第一张以内测光推荐曝光量曝光;第二张减少 1/3EV 曝光;第三张增加 1/3EV 曝光;部分高配相机还允许手动设定曝光量自动递增和递减步长(见图 4-44)。

-2EV　　　　　　　　正常　　　　　　　　+2EV

**图 4-44　不同曝光量画面对比(作者摄)**

－2EV 的画面更多保留了窗外景物细节,＋2EV 的画面则更多呈现出室内环境细节

部分主流相机型号包围曝光参数对照表如表 4-6 所示。

**表 4-6　部分主流相机型号包围曝光参数对照表**

| 相机型号 | 自动包围曝光张数 | 最小 EV 步长 | 最大 EV 步长 | 最高连拍速度 |
|---|---|---|---|---|
| 佳能 1D MKⅡ/MKⅡN | 3,5 或 7 | 1/3 | 3 | 8.5fps |
| 佳能 1D MKⅢ | 2,3,5 或 7 | 1/3 | 3 | 10fps |
| 佳能 1D MKⅣ | 2,3,5 或 7 | 1/3 | 3 | 10fps |
| 佳能 1Ds MKⅡ | 2,3,5 或 7 | 1/3 | 3 | 4fps |
| 佳能 1Ds MKⅢ | 2,3,5 或 7 | 0.3 | 3 | 5fps |

（续表）

| 相机型号 | 自动包围曝光张数 | 最小 EV 步长 | 最大 EV 步长 | 最高连拍速度 |
|---|---|---|---|---|
| 佳能 5D Mark II | 3 | 1/3 | 2 | 3.9fps |
| 佳能 7D | 3 | 1/3 | 3 | 8fps |
| 佳能 450D/Digital Rebel XSi | 3 | 1/3 | 2 | 3.5fps |
| 佳能 500D/Digital Rebel T1i | 3 | 1/3 | 3 | 3.4fps |
| 佳能 550D/Digital Rebel T2i | 3 | 1/3 | 3 | 3.7fps |
| 佳能 D30/D60 | 3 | 1/3 | 2 | 3fps |
| 佳能 EOS 1V Film | 3 | 1/3 | 2 | 6fps |
| 佳能 PowerShotG9/G10 | 3 | 1/3 | 2 | 1.5fps |
| 佳能 PowerShotG9/G11 | 3 | 1/3 | 2 | |
| 佳能 PowerShotS70/G80 | 3 | 1/3 | 2 | |
| 佳能 PowerShotS90 | 3 | 1/3 | 2 | 0.9fps |
| 佳能 PowerShotSX20 IS | 3 | 1/3 | 1 1/3 | |
| 富士 S3 Pro | 3 或 3 | 1/2 | 2 | 2.5fps |
| 富士 S3 Pro | 2 到 9 | 0.3 | 1 | 3fps |
| 徕卡 D-LUX 4（firmware 2.2） | 3 | 1/3 | 3 | 2.5fps |
| 徕卡 M9 | 5(2EV) 或 7(1EV) | 1/3 | 2 | 2fps |
| 徕卡 X1 | 3 | 0.3 | 3 | 3fps |
| 玛米亚 645 AFDIII | 3 | 1/3 | 1 | |
| 尼康 D200 | 2 到 9 | 1/3 | 1 | 5fps |
| 尼康 D300 | 2 到 9 | 1/3 | 1 | 6 或 8fps |
| 尼康 D300s | 2 到 9 | 1/3 | 1 | 8 或 9fps |
| 尼康 D700 | 2 到 9 | 1/3 | 1 | 8fps |

（续表）

| 相机型号 | 自动包围曝光张数 | 最小 EV 步长 | 最大 EV 步长 | 最高连拍速度 |
|---|---|---|---|---|
| 尼康 D2H | 2 到 9 | 1/3 | 1 | 8fps |
| 尼康 D2X/D2Xs | 2 到 9 | 1/3 | 1 | 5fps(crc) |
| 尼康 D3/D3s | 2 到 9 | 1/3 | 1 | 9fps(11in) |
| 尼康 D3X | 2 到 9 | 1/3 | 1 | 5fps(7in) |
| 尼康 D90 | 2 或 3 | 1/3 | 1 | 4.5fps |
| 尼康 D5000 | 2 | 1/3 | 2 | 4fps |
| 尼康 Coolpix P5000/P5100 | 3 | 1/3 | 1 | 1fps |
| 奥林巴斯 E-30 | 3 或 5 | 0.3 | 1 | 5fps |
| 奥林巴斯 E-400/E-410/E-420 | 3 | 1/3 | 1 | 3fps |
| 奥林巴斯 E-500 | 3 | 0.3 | 1 | 2fps |
| 奥林巴斯 E-510 | 3 | 1/3 | 1 | 3fps |
| 奥林巴斯 E-520 | 3 | 1/3 | 1 | 3.5fps |
| 奥林巴斯 E-620 | 3 | 1/3 | 1 | 4fps |
| 奥林巴斯 E-310 | 3 或 5 | 1/3 | 1 | 1.5/2.4fps |
| 奥林巴斯 E-320 | 3 或 5 | 1/3 | 1 | 4fps |
| 奥林巴斯 E-350 | 3 或 5 | 1/3 | 1 | 3fps |
| 奥林巴斯 SP-510UZ | 3 或 5 | 0.3 | 1 | 1.7fps |
| 奥林巴斯 SP-550UZ/SP-560UZ | 3 或 5 | 0.3 | 1 | 5fps |
| 松下 Lumix DMC-G1/GH1 | 7 | 1/3 | 2/3 | 3fps |
| 松下 Lumix DMC-GF1 | 3, 5 或 7 | 1/3 | 2/3 | 3fps |
| 松下 Lumix DMC-G1K | 3, 5 或 7 | 1/3 | 2/3 | 3fps |
| 松下 Lumix DMC-L10 | 3 | 0.5 | 2 | 3fps |
| 松下 Lumix DMC-LS80 | 3 | 1/3 | 1 | 3fps |

（续表）

| 相机型号 | 自动包围曝光张数 | 最小 EV 步长 | 最大 EV 步长 | 最高连拍速度 |
|---|---|---|---|---|
| 松下 Lumix DMC-LX3 | 3 | 1/3 | 1 | |
| 松下 Lumix DMC-LX3（带固件更新） | 3 | 1/3 | 3 | 4.5fps |
| 宾得 K7 | 3 或 5 | 1/3 | 2 | 5.2fps |
| 宾得 K20D | 3 或 5 | 1/3 | 2 | 3fps |
| 宾得 K200D | 3 | 1/3 | 2 | 2.8fps |
| 宾得 K-m/K2000 | 3 | 1/3 | 2 | 3.5fps |
| 宾得 K-x | 3 | 1/3 | 1.5 | 4.7fps |
| 理光 GX100/GX200 | 3 | 0.3 | 0.5 | 2.4fps |
| 三星 GX-20 | 3 或 5 | 1/3 | 2 | 3fps |
| 适马 DP1/DP-1s/DP2 | 3 | 1/3 | 3 | 3fps |
| 索尼 Alpha A-550 | 3 | 1/3 | 2/3 | 9fps |
| 索尼 Alpha A-700 | 3 或 5 | 0.3 | 0.7 | 5fps |
| 索尼 Alpha A-700-V4 firmware | 3 或 5 | 0.3 | 2（共 3 幅） | 5fps |
| 索尼 Alpha A-850 | 3 | 1/3 | 2/3 | 3fps |
| 索尼 Alpha A-900 | 3 | 0.3 | 2 | 5fps |

（注：数据来自各相机品牌厂家的公开资料，由作者汇总自制表格）

创作高动态范围数字影像时，也可以使用相机的自动包围曝光功能来采集素材图像。

# 第八节　实用区域曝光法

## 一、区域曝光法概述

区域曝光法（zone system）是摄影史上最早出现的高品质摄影曝光控制理论，由美国著名摄影大师安塞尔·亚当斯（Ansel Adams）与弗雷德·阿契尔（Fred Archer）合作完善，于 1939—1940 年正式提出。

区域曝光法从理论上给我们提供了一套协调画面预先想象与曝光控制技术的系统解决方法,尽管提出时的实践基础是大画幅相机及黑白散页片,但是实践证明这套理论仍然适用于黑白胶卷,甚至对彩色胶卷(负片、反转片)和现代数码摄影,都具有指导和借鉴意义。

区域曝光法同样强调摄影师在拍摄前对最终画面效果的预先想象,并在此基础上,把获得最终影像的步骤归纳为两个方面,即"影像记录系统管理"(包括拍摄位置和角度、镜头焦距与构图等环节)和"影像质量控制系统"(包括光线的运用、曝光的控制、色彩的配置等)。

一幅黑白照片并非只有黑和白两个色调,黑到白实际上是由无数个不同级别的灰过度而来的。这是一个包含了所有黑白灰阶调的渐变灰阶(见图4-45),区域曝光理论将这一灰阶均分成11等份,并将每一等份中的渐变灰阶压缩成一个象征性的具体灰度,用罗马数字从0到Ⅹ将11等份标示为11个区(见图4-46),这就是区域曝光法中最为重要的一个概念,即"区域"的由来。

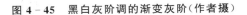

图4-45　黑白灰阶调的渐变灰阶(作者摄)

图4-46　11等份的具体灰度

## 二、11个灰度区域定义

安塞尔·亚当斯对这11个灰度区域的定义如下:

Ⅰ到Ⅸ区是底片的有效宽容度区域,涵盖了底片上从"有密度的最亮"到"有密度的最暗"的有效密度范围。

Ⅱ到Ⅷ区是画面的有效质感区域,涵盖了画面上能够被分辨出来的被摄景物的有效细节层次。

区域0是画面的纯黑区域,底片上的最透明区域,只有片基本身的色调和灰雾度。

区域Ⅰ是画面上接近纯黑但无法辨认具体质感和细节的区域,底片上略能分辨出一些密度。

区域Ⅱ是画面上的黑色但略带质感的区域。

区域Ⅲ是画面暗部区域中第一个能够充分呈现质感和细节的区域,被认为是"重点暗部"。

区域Ⅳ是画面上质感丰富的深灰色区域。例如,光线照射下而没有产生亮斑的深色皮肤呈现于黑白照片上时,此时未被光线照射的深色皮肤的阴影区属于区域Ⅲ。

区域Ⅴ是画面上质感丰富的中灰色区域,如果被摄景物中包含有反光率为18%的标准灰板,则灰板应落在这一区。

区域Ⅵ是画面上同样具有丰富质感的区域,比Ⅴ区灰度略浅。例如,被光线照射且没有产生亮斑的浅色皮肤呈现于黑白照片上时。

区域Ⅶ是画面上充分再现质感的浅灰色区域,例如,被明亮测光照明下的雪地的阴影区域。这是最后一个能够充分呈现质感和细节的区域,被认为是"重点亮部",而它之后的几个区域的质感和细节就越来越少了。

区域Ⅷ是画面上的白色但略带质感的区域。

区域Ⅸ是 画面上接近纯白但无法辨认具体质感和细节的区域,例如,强光照射下令人目眩的白雪;底片上略能分辨出一些密度。

区域Ⅹ是画面上的纯白区域。

结合上述对每一区域的据体描述和界定,还可以进一步把 11 个区域分为三组:区域 0、Ⅰ、Ⅱ为黑暗区域;区域Ⅲ、Ⅳ、Ⅴ、Ⅵ、Ⅶ为有质感的中间区域;区域Ⅷ、Ⅸ、Ⅹ为明亮区域。

## 三、使用区域曝光法的量光、订光步骤

使用区域曝光法进行曝光控制时的量光和订光步骤:

(1)通过视觉观察并结合创作初衷和对画面效果的预先想象,确定被摄景物中最暗但仍应充分保留质感和细节的区域,确定为第 Ⅲ 区;

(2)使用测光表的点测光量取这一区域的亮度值;

(3)在量取的曝光量基础上减少 2 挡订光。

光照均匀且反差柔和的被摄景物,采用区域曝光法进行曝光控制,并使用标准显影程序冲洗,得到的底片能够实现各区域的预定质感效果。但是,如果被摄景物的明暗反差过低或过高,继续使用标准显影程序冲洗底片,其影调就会损失严重。

## 四、延长或者缩短显影时间的方法

在标准显影程序基础上延长或者缩短显影时间,可以有效扩展或者收缩底片的密度范围,起到增加或降低反差的作用。

通过延长显影时间可以扩展底片反差,这种方法用"N＋"标示,"N"是

"Normal"的首字母,代表"正常显影"。"N+1"是在标准显影基础上增加1个曝光区域。

通过缩短显影时间可以收缩底片反差,这种方法用"N-"标示。

"N-1"即是在标准显影基础上减少1个曝光区域。

经测试发现,经过"N+1"扩展显影冲洗的底片上,区域Ⅶ和Ⅷ的密度提高了整一个区域,而区域Ⅴ之前各区则增加很少,例如,区域Ⅳ仅增加了半个区域,而区域Ⅲ几乎没有变化。

据此分析,延长标准显影时间对各区域的影响分为两种情况:Ⅴ区之后亮度逐渐增加的各区域的密度随显影时间的延长而成比例增加显著;Ⅴ区之前亮度逐渐减弱的各区域则变化很小。

这种规律同样出现在使用"N-"收缩显影冲洗的底片上,只是效果不是亮度增加,而是减少。

这种增加或减少标准显影时间的方法,可以扩展到"N+2"和"N-2"的程度,而仍旧获得良好效果(见图4-47,图4-48)。

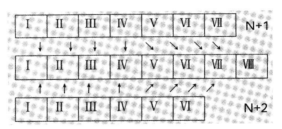

**图4-47** **影调扩张**(资料来源:美国国际摄影中心官网,www.icp.org)

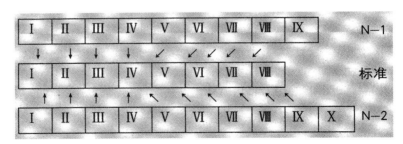

**图4-48** **影调压缩**(资料来源:美国国际摄影中心官网,www.icp.org)

被增加或者减少后实际的显影时间,应根据所用胶片和显影液配方的不同,在确定具体标准显影时间之后,通过以下公式计算获得:

"N+1"=正常显影时间×1.4;

"N+2"="N+1"时间×1.4;

例如,正常显影时间为 10 分钟,则"N+1"为 14 分钟,"N+2"为 19 分 30 秒。

"N−1"＝正常显影时间×0.7;

"N−2"＝正常显影时间×0.6;

例如,正常显影时间为 10 分钟,则"N−1"为 7 分钟,"N−2"为 6 分钟。

# 第五章　后期阶段的曝光控制

　　"摄影"一词实际上包含了两个环节:"摄"即拍摄,"影"即显影。

　　摄影后期阶段对曝光的控制,胶片体现在结合相应显影配方和工艺的冲洗加工,而数字影像则特指数字化编辑校正的过程。

## 第一节　摄影胶片的后期处理

　　摄影胶片拍摄时的曝光控制与后期冲洗过程中的显影控制,共同决定了最终影像的质量。

　　下面以黑白负片为例,具体介绍一下显影对影像质量的影响。

### 一、显影液温度

　　显影液温度越高,显影速度越快,影像颗粒感越强,灰雾度越高,清晰度越差;显影液温度越低,显影速度越慢,颗粒感越弱,灰雾度越低,清晰度越好。

　　显影液温度过低,显影液的显影能力会衰竭,无法达到正常温度下的显影效果。因此显影液温度应尽量接近标准温度,即 $18 \sim 20 ℃$ 之间。

### 二、显影过程中的显影液循环程度

　　显影过程中,应在固定时间间隔下手动机械自动搅动显影液,促进药液循环,确保与胶片乳剂表面接触的药液始终具有足够的新鲜度。

　　手动搅动速度过快或者过慢,会影响最终的影像质量:搅动过快,影像密度和反差都会增加;搅动过慢,影像密度和反差都会降低。

　　推荐搅动频率:每分钟 10 秒,每秒搅动一周。

# 三、显影液成分

显影液成分包括两方面内容，即显影液配方和显影液新旧程度。

## （一）显影液配方

1. 黑白负片的通用 D-76 显影液配方

蒸馏水（45～52℃）——750mL

米吐尔——2g

无水亚硫酸钠——100g

对苯二酚——5g

硼砂——2g

上述成分充分溶解于 750mL 蒸馏水后，再加水至 1000mL，原液使用即可。

使用 D-76 通用显影液的推荐显、定影和水洗时间如下（以 ISO 100 的 135 黑白负片为例）：

推荐显影液温度 20℃；

推荐显影时间 7 分钟 30 秒；

推荐停显时间 30 秒；

推荐定影时间 10 分钟；

推荐水洗时间 15～20 分钟。

D-76 属于通用型微粒显影液，除此之外，还有许多不同配方的特殊用途显影液，如超微粒显影液、高清晰度显影液、低反差显影液、高反差显影液、增感显影液等。

增感显影液主要用于对曝光不足的胶卷的冲洗加工，其中较有代表性的配方是 PQ-FGF 增感显影液，因为这一配方的 pH 值与 D-76 相近，在冲洗底片质量与 D-76 相同的前提下，感光度可提高一倍（如果进一步延长显影时间，感光度仍可提高，但反差也会增大），因此适用于冲洗拍摄过程中曝光不足一倍的胶片。

2. PQ-FGF 增感显影液配方

无水亚硫酸钠——100g/L；

对苯二酚——5g/L；

硼砂——3g/L；

硼酸——3.5g/L；

菲尼酮——0.2g/L；

溴化钾——1g/L。

本配方使用了菲尼酮做显影剂，能明显提高胶片感光度，但同时会导致灰雾度增强，所以在配方中又加入 1g/L 的溴化钾抑制灰雾度。

## （二）显影液的新旧程度

显影液的新旧程度，对显影进度具有明显影响，被反复使用的显影液，显影能力迅速下降,在其他显影条件不变的前提下,会导致显影程度的下降,底片密度变小,画面反差降低,层次细节损失严重。

因此一些显影液品牌会在使用说明中推荐一次性使用,但是出于环保节约的目的需要多次使用时,可以参考以下解决方案:

(1)在一定冲洗数量内,适当延长显影时间。据资料显示,用 600mLD-76 显影液冲洗 135 胶卷,每显影一卷即延长 10% 显影时间,可以有效冲洗四卷并保持质量不变。

(2)在旧液中添加补充液。以 600mLD-76 显影液冲洗 135 胶卷为例,每显影一卷补充加入 30mL 新鲜显影液,并维持显影液容量不变,可在不改变显影时间等条件的前提下,保持原有显影性能。

# 四、显影时间

达到正常显影程度所用的的时间即是正确显影时间。

在正常显影程度下,影像的反差和密度都应呈现出接近摄影者预先想象的良好状态。当显影时间过短时,影像反差减小,密度降低;当显影时间过长时,影像反差增大,密度增加,颗粒变粗,灰雾度增大。

低质量的底片无法制作出高质量的照片,但是造成底片质量不佳的原因,究竟发生于拍摄环节的曝光控制还是后期环节的显影控制?通过比较以下九幅底片在曝光和显影条件发生变化时对应的质量变化,有助于客观评价黑白底片的曝光控制质量(见图 5-1~图 5-9)。

## (一)曝光正常,显影正常

底片反差和密度适中,亮部和暗部区域影纹丰富,颗粒细腻,清晰度高。

图 5-1　曝光正常,显影正常(作者摄)

## （二）曝光正常，显影不足

底片反差和密度较低，暗部区域影纹损失明显，清晰度降低，灰雾度较小。

图 5 - 2　曝光正常，显影不足（作者摄）

## （三）曝光正常，显影过度

底片反差和密度较大，灰雾度增加，亮部区域影纹损失严重，颗粒度提高。

图 5 - 3　曝光正常，显影过度（作者摄）

## （四）曝光不足，显影正常

底片反差和密度降低，亮部区域层次分明并与正常底片的中间层次密度接近，暗部区域影纹损失严重，清晰度降低。

图 5-4 曝光不足,显影正常(作者摄)

### (五)曝光不足,显影不足

底片反差和密度极低,整体趋于透明,几乎没有层次感,颗粒度增加,清晰度极差。

图 5-5 曝光不足,显影不足(作者摄)

### (六)曝光不足,显影过度

底片反差大,暗部区域影纹损失明显,亮部区域反差增加且影纹较丰富。

### (七)曝光过度,显影正常

底片密度增加,反差降低,亮部区域影纹损失严重,暗部区域反差增加且影纹较丰富,颗粒度和灰雾度均有所增加。

图 5-6　曝光不足,显影过度(作者摄)

图 5-7　曝光过度,显影正常(作者摄)

### (八) 曝光过度,显影不足

底片反差降低明显,整体层次损失明显,亮部区域密度降低但层次清晰,暗部区域影纹损失严重,灰雾度较小。

图 5-8　曝光过度,显影不足(作者摄)

### （九）曝光过度，显影过度

底片密度极大，亮部和暗部区域影纹均损失严重，灰雾度增高，颗粒度增加。

图 5－9　曝光过度，显影过度（作者摄）

以上"九种底片"是在曝光或显影出现较大误差时所呈现出的典型特征，而在实际摄影实践中可能出现的问题要更加复杂而具多样性，同时必须明确的是，不同品牌间以及品牌相同型号不同的胶片，其性能特征也存在明显差异，但是上述"九种底片"的基本规律仍可作为分析具体问题时的参考依据。

# 第二节　JPEG、TIFF、RAW 格式比较

使用数码相机拍摄数字影像文件时，选择哪种文件格式，不仅关系到数码相机如何记录和保存图像，以及最终图像的文件大小，还将改变后期编辑调整的幅度和可能获得的影像质量。

数字影像文件有三种常见文件格式：JPEG、TIFF 和 RAW。三种格式严格意义上讲都属于压缩格式，不同之处在于，JPEG 是有损压缩，原始数据被压缩并转换为 JPEG 格式的过程中，色彩位数、像素等都会有所损失，而且同一个 JPEG 文件每次被阅读、修改、重新保存后，都会发生数据损失；TIFF 格式有无损和有损两种压缩方式，多次被阅读、修改和重新保存都不会造成数据损失；而 RAW 则完全是一种无损压缩格式。

## 一、JPEG

JPEG 是应用最为广泛的数字影像文件格式，它是英文"joint photographic

experts group"的缩写,中文直译为"联合图像专家组"。

JPEG 文件的扩展名为".jpg"或".jpeg",其压缩技术十分先进,采用有损压缩方式去除冗余的图像和色彩数据,在获取极高压缩率的同时可以展现十分丰富生动的图像。换句话说,就是可以用最少的磁盘空间得到较好的图像质量。

JPEG 格式对原始数据进行有损压缩,任何一个 JPEG 格式的图像文件都是从一系列压缩品质中选择出的一个(即一套压缩算法中的一个)来创建的。当创建一个 JPEG 文件或是把其他格式的影像文件转成 JPEG 格式时,会被提示对将要生成的图像品质做出选择,而最好的品质往往对应最大的数据量。以尼康 D200 数码单反相机为例,在其 JPEG 格式选项中有"JPEG 精细""JPEG 一般"和"JPEG 基本"三种压缩品质选择,其中"JPEG 精细"的压缩比为 1∶4,"JPEG 一般"的压缩比为 1∶8,而"JPEG 基本"的压缩比为 1∶16。

虽然不同压缩品质的压缩比不同,但是生成的总的图像像素数量是一致的。

尼康 D200 相机还允许手动设定文件大小,并提供最大、中等、较小三个选项。例如,设定文件大小为"最大",选择"JPEG 精细"的压缩品质,得到的单个图像文件为 4.8MB,"JPEG 一般"为 2.4MB,"JPEG 基本"为 1.2MB,而三个 JPEG 图像各自的总像素数都是 28.7MB。

# 二、TIFF

TIFF 格式的英文全称是"tagged image file format",有无损和有损两种文件压缩方式。

TIFF 格式具有以下主要特征。

## (一)跨平台的格式

TIFF 格式文件对应用程序具有良好的兼容性。

## (二)支持多种色彩模式

TIFF 格式对灰度模式、RGB 模式、CMYK 模式、索引颜色模式等都能编码。

影像数据经无损压缩成 TIFF 格式后,画质明显高于 JPEG 格式;而无损压缩和低压缩率下生成的文件要大于 JPEG 格式,在传输、使用、存储方面没有 JPEG 快捷。

TIFF 格式对应用程序的广泛兼容性和无损压缩的质量保障,使其成为印刷业中被广泛接受和使用的影像文件格式。

需要注意的是,如果拍摄生成的是 JPEG 格式的原始文件,即便在后期被转换成 TIFF 格式储存,对质量的提升是毫无意义的。

# 三、RAW

某种意义上说,JPEG 和 TIFF 格式都是由数码相机"制造"出来的,其影像质量受数码相机自身一系列设置的影响,如感光度、白平衡、文件大小、压缩品质、锐化与否、色彩风格等。RAW 格式则完全是数码相机的数字影像传感器获取的原始数据所生成的原始影像文件,不受相机上任何设置的影响,是真正意义上的"数码底片"。

不同品牌的数码相机,RAW 格式的文件名后缀有所不同:尼康".NEF",佳能".CRW"或".CR2",美能达".MRW",适马".X3F",富士".RAF",柯达".DCR",索尼".SRF",奥林巴斯".ORF",Adobe 公司则标示为".DNG"。

## (一)拍摄 RAW 格式的优势

(1)RAW 格式是一种全影调与全色域记录,在图像细节和色彩再现方面能够发挥出数码相机的极限;

(2)白平衡调节,高光、阴影和中间影调细节层次的调整,锐化,色彩饱和度,颜色模式(如 sRGB,Adobe RGB 等)转换等数据生成与校正,都可以手动控制并在电脑上完成,这大大不同于其他影像格式在拍摄过程中由数码相机自行完成的方式;

(3)可提供更大区间的后期无损校正范围;

(4)能够记录和呈现更加丰富的灰阶;

(5)记录的色彩深度为 16 比特,相较于其他格式的 8 比特,有着更加丰富的色彩信息和动态范围。

## (二)拍摄 RAW 格式时经常碰到的一些问题

(1)选择 RAW 格式就意味着更大的单个文件和占用更多的存储空间,需要配备大容量数码相机存储卡或者更多的备用卡;

(2)如同胶片一样,RAW 格式文件也需要一个"显影"的过程,即需要先在电脑上对它进行编辑处理后,才能被转换成可以使用的常规数字影像文件,这意味着花费更多时间在电脑操作上;

(3)并非所有影像处理软件都能打开 RAW 格式文件,最新版本的 Photoshop 软件,可以兼容大多数相机品牌的 RAW 格式文件。

## (三)RAW 格式工作流程

1. 将 RAW 文件导入电脑

文件导入的方式并无对错之分,可以使用 USB 接口的读卡器,或者相机自带的数据线等。需要特别提醒的是,尽可能在文件导入结束后马上为所有数据制作备份,方法可以是将原始数据另存在一个独立的移动硬盘里,或者刻录成 CD 或

DVD 光盘。

接下来,需要给刚刚导入电脑的原始 RAW 文件分类,以题材、拍摄日期等归类方式将文件分别存入不同的文件夹。文件夹的命名应包括尽可能多的资料信息,如"地点_内容_日期"的格式,这将为以后快速查找相应的档案资料提供便利。

2. 预览并筛选

电脑上预览 RAW 文件的方式有很多种,比如 Mac OS X 10.5 以上版本已经对 RAW 文件全面兼容,许多软件也可以兼容 RAW 文件,如 Photoshop CS3、Aperture 等(见图 5 - 10～图 5 - 12)。

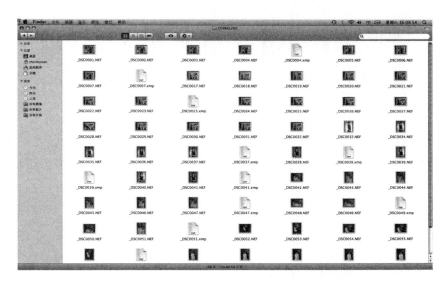

图 5 - 10 在 Mac OS X 10.5.6 系统下,通过文件预览看到的 RAW 格式影像的缩略图(作者制)

图 5 - 11 在 Photoshop CS3 下使用自带 RAW 文件浏览器看到的 RAW 格式影像文件(作者制)

**图 5 - 12** 苹果电脑软件公司开发的 Aperture 软件的 RAW 格式图像文件浏览编辑界面(作者制)

3. 影像编辑

Photoshop CS3 自带的 RAW 格式图像浏览器和 Aperture 软件都具有 RAW 文件编辑功能,有关 RAW 格式影像的编辑校正方法,参阅本章第三节的相关内容。

4. 影像导出

经过编辑的 RAW 格式影像已经具备了导出应用的条件,接下来应根据使用目的不同,修改图像文件的大小。

5. 影像保存

在 Photoshop 软件下通过"另存为"选项保存 RAW 格式文件时,文件格式会被自动默认为"TIFF"格式,也可以根据实际需要在"TIFF""PSD"和"JPEG"格式(或者其他影像格式)间手动切换选择。

在 Aperture 软件下保存编辑好的 RAW 格式文件时,影像格式被默认为"JPEG",同样允许根据需要在其他文件格式间手动切换选择。

# 第三节   RAW 格式影像文件的后期处理

作为"数字底片"的 RAW 格式影像文件,同样需要后期的"显影",才能转换为常规格式的数字影像。因此,RAW 格式的数字化后期编辑处理,在数字影像的曝光控制评价体系中,同样占据举足轻重的作用。

对电脑显示器的标准化与特性化校正,是进行各种格式数字影像文件后期编辑之前,必须完成的一项重要工作,目的在于将影响色彩再现的关键参数调节到某一标准,或达到特定的要求,并建立起 ICC 特性文件(以下将做介绍),为不同显示系统之间达到相同的显示效果创造条件。

# 一、电脑显示器色彩管理

扫描仪、数码相机和电脑显示器通常采用 RGB 的色彩空间对色彩进行描述,而打印输出设备则采用 CMYK 的色彩空间进行色彩描述。不同的色彩表述方法造成同一种颜色在不同数字设备间的传递过程中会产生一定的色彩差异。为了解决色彩在跨设备交流过程中的管理问题,20 世纪 80 年代末期开始,以 Adobe、AGFA、惠普、柯达为代表的一些公司,纷纷开发出各自的色彩管理系统,以"特性文件"的方式管理"设备到设备"的颜色匹配问题。但是,由于每个公司所用标准各不相同,这种专属于某一公司的"特性文件"根本无法应用到别家公司的设备上,从而造成"各自为政"的尴尬局面。

苹果公司最终成为打破这一疆界壁垒的开拓者。

1993 年苹果公司率先推出基于 Macintosh 操作系统的 ColorSync 概念,并倡导建立使用 ColorSync 特性文件的公司联盟,这个联盟最终发展成为众所周知的"国际色彩联盟"(International Color Consortium),简称 ICC。

ICC 通过定义一个通用文件格式,允许用户混合使用不同厂商建立的特性文件,并达到同样的效果,从而确立起基于 ICC 特性文件的色彩管理标准。

ICC 特性文件采用 CIE XYZ 或 CIE LAB 的色彩空间,是完全独立于任何一种设备的颜色描述方法。

例如,某个使用 RGB 色彩空间的设备对某一特定红色的 RGB 描述为 255.0.0,在色彩管理过程中,这一特定红色被基于 ICC 特性文件的 CIE LAB 色彩空间再定义为 L1A1B1,于是,这台设备上的这一特定红色便被建立起了一个 ICC 特性文件。当所有颜色在可能用到的不同设备上,都建立起 ICC 特性文件时,各设备之间也就建立起了色彩交流的平台,这就是色彩管理的基本工作原理。

显示器的校正通常需要完成四个方面的内容,即显示器白场亮度、显示器黑场亮度、显示器白场色温、显示系统的阶调系数 GAMMA 值。

完成上述校正内容的方式主要有两种:基于软件的色彩校正和基于硬件设备的色彩校正。

## (一)基于软件的色彩校正

常用的显示器校正软件有苹果 Mac OS X 系统自带的 ColorSync,或者 Windows 系统的 Adobe Gamma,下面仅以 Mac OS X 系统下运行 ColorSync 程序为例,介绍一下基于软件的显示器校正方法:

(1)打开电脑显示器并预热(CRT 显示器预热 30 分钟,LCD 显示器预热 15 分钟),以便显示器的运行进入稳定状态。

(2)在系统偏好设置中打开显示器选项,然后点击进入"颜色"窗口(见图 5-13)。

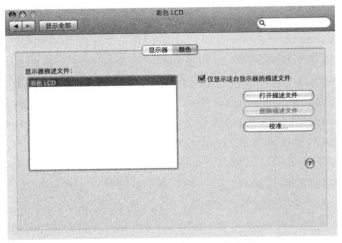

图 5-13　步骤(2)示意图(作者制)

(3)在显示器描述文件中,选择与所用显示器相对应的选项,然后点击"校准"按钮,进入显示器校正程序。

(4)仔细阅读"显示器校准程序助理"窗口的内容,了解即将开始的校准步骤,并勾选"专家模式"选项,然后点击"继续"按钮进入下一步(见图 5-14)。

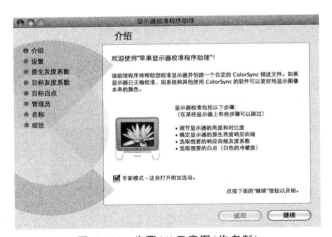

图 5-14　步骤(4)示意图(作者制)

（5）首先需要设置显示器的亮度和对比度，对比度设置到最大值，而亮度调整按照窗口内容的提示操作即可。完成后点击"继续"进入下一步。

（6）确定显示器的原生响应曲线，类似于校正显示器的白场亮度和黑场亮度，共分五个步骤分别调节，完成后点击"继续"进入下一步（见图 5-15）。

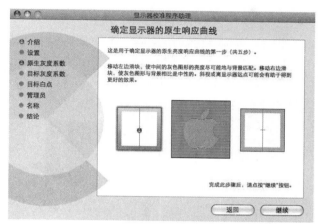

图 5-15　步骤（6）示意图（作者制）

（7）选择目标灰度系数，即校正显示器阶调系数 Gamma 值。苹果系统的默认阶调系数 Gamma 值为 1.8，主要是参照了苹果公司的激光打印机网点曲线，实际上属于灰度管理，而非色彩管理意义上的标准。因此，这里建议将 1.8 改为 2.2 的 Gamma 值，即"PC 标准"，原因是实际测试数据表明，2.2 下所显示的阶调过渡最为平滑。完成后点击"继续"进入下一步（见图 5-16）。

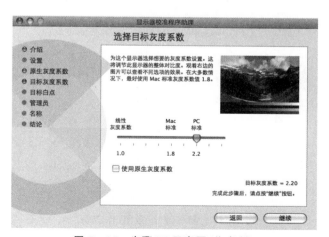

图 5-16　步骤（7）示意图（作者制）

（8）选择目标白点，即设置白场色温。推荐选项有 D50（5000K）和 D65（6500K）两个选项，建议设置为 D65，因为这是目前大多数显示器的默认白场色温，而如果将数值从默认值调节至 D50，调整幅度较大，会更多地限制显示器蓝通道的发光强度，从而降低显示器的整体亮度动态范围。完成后点击"继续"进入下一步（见图 5 - 17）。

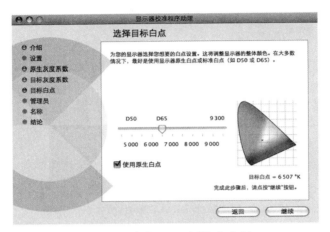

图 5 - 17    步骤（8）示意图（作者制）

（9）管理员选项。如果所校正的显示器为多用户共享设备，则可以勾选是否允许其他用户使用所生成的 ICC 特性文件。完成后点击"继续"进入下一步（见图 5 - 18）。

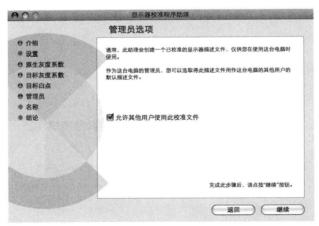

图 5 - 18    步骤（9）示意图（作者制）

（10）为描述文件取名。给即将生成的 ICC 特性文件设定一个文件名，完成后点击"继续"进入下一步(见图5-19)。

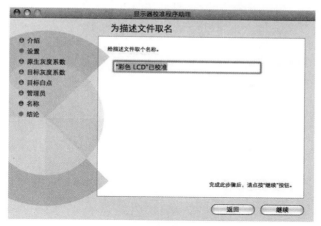

**图5-19 步骤(10)示意图(作者制)**

(11)结论。窗口显示出刚建立的ICC特性文件相关内容,检查无误后点击"完成"(见图5-20)。

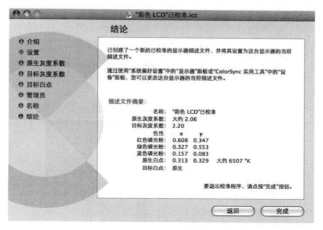

**图5-20 步骤(11)示意图(作者制)**

接下来,再次打开"苹果"主菜单,选择"系统偏好设置"——"显示器"——"颜色",即可在"显示器描述文件"选项里找到新建立的特性文件(见图5-21)。

在Windows系统下使用Adobe Gamma软件进行的显示器校正流程与上述内容相近,只需按照窗口内容提示逐步完成即可,而校正过程中需要选择设置的灰度系数Gamma值仍推荐使用2.2,白场色温仍推荐选择D65。

上述基于软件的显示器校正方法有一个共同点,就是都依赖人眼观看的目视校正,由于视觉对色彩具有很强的适应性,几乎不可能用目视方法得到两次完全相

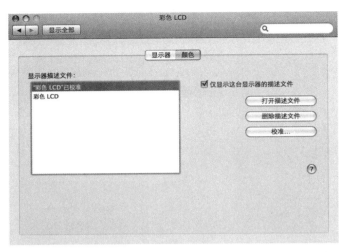

图 5－21    在"显示器描述文件"选项里找到新建的特性文件（作者制）

同的校正结果,因此目视校正只能是大致判断。

### （二）目视校正法的几点建议

（1）校正前的显示器预热时间必须充分;

（2）观看环境的照明条件以黑暗的房间最为理想,在有照明光源的环境中进行时,应确保每次校正时的光源条件相近,也可参考标准光源的各项参数进行调整;

（3）如果校正软件提供了单一 Gamma 值调整和分别调整红、绿、蓝 Gamma 值的选项（如 Adobe Gamma 软件）,则应选择后者分别调整的方式;

（4）目视校正更适合 CRT 显示器,对于 LCD 显示器应尽可能采用基于独立外置硬件设备的校正方式。

### （三）基于硬件设备的显示器校正

基于硬件的显示器色彩校正方式具有更为精准的校正效果,目前市场上具有一定竞争力的此类设备有 GretagMacbeth 公司的 EyeOne,Monaco Systems 公司的 MonacoOPTIX 和 DataColor 公司的 Monitor Spyder。

显示器色彩校正设备主要有两种类型,即色差计和分光光度计,两者的校正效果不相上下,但是由于色差计的工作原理需要使用到内置滤色片,而滤色片存在因老化而精度降低的可能,因此许多专业用户更倾向于选择分光光度计。

国内专业领域使用比较广泛的"蜘蛛"校色仪,即美国 DataColor 公司的 Monitor Spyder 系列产品,不仅支持常规的 CRT 和 LCD 显示屏,还能对投影仪进行色彩校正。

### （四）使用 Spyder3Elite 校色仪进行显示器校正的步骤

（1）安装校色仪自带软件,并在需要校正的显示器上打开。窗口上罗列了校正程序运行前需要完成的几项内容。

①预热显示器半小时；

②检查并避免工作环境中的光源直接照射电脑显示器；

③将显示器对比度设置为默认值，色温设置为6500K，并将显示器亮度调整到正常观看亮度；

④将校色仪（USB接口）与电脑直接连接。

完成后点击"Next"进入下一步。

（2）选择工作流程如下。

①"逐步手动完成"；

②"工作室程序"，适合多显示器串联环境下的校正；

③"全自动模式"，用软件以默认值方式设定各项参数，自动校正，同时部分参数也允许手动更改。

建议选择第一项，跟随软件提示逐步手动校正。

完成后点击"Next"进入下一步。

（3）校正设置窗口。首次使用应选择第三项。

"FullCAL"，并依次设置Gamma值为2.2，色温6500K，显示器亮度可选择100或120。

完成后点击"Next"进入下一步。

（4）按照窗口上的提示将校色仪放置在白色线框区域内，可以适当调整显示器屏幕的俯仰角度，以便校色仪与屏幕表面均匀接触。

完成后点击"Next"进入下一步。

（5）校正程序开始，屏幕窗口上会显示出不同的彩色与灰度色块，标示出自动校正进度。自动校正结束后，会自动生成一个新的ICC特性文件，同时在窗口内显示出一组照片，供使用者对比观看校正前后的显示差异。

显示器的校正并非一劳永逸，需要定期操作执行。要求苛刻的摄影师对CRT显示器会每周校正一次，如果你无法达到这种校正频率，至少每月校正一次是必要的。LCD显示器所用染料的稳定性比CRT显示器的荧光粉好得多，但是LCD显示器的背光会随时间而缓慢改变，也需要定期进行校正，不过校正的间隔时间可以比CRT显示器长一些。

## 二、RAW格式数字影像的"显影"

开始编辑RAW格式影像之前，必须再次明确拍摄该幅影像时的动机和理由，因为创作目的可以指导你的编辑操作。忽略了拍摄初衷的所谓"客观"编辑标准，只会将摄影师带入错误的方向，甚至有可能毁掉一幅好作品。

尽管RAW格式提供了宽泛的后期调校幅度，但是只有质量过关的原始素材，才具备通过软件获得高品质影像的条件。

Adobe 的 Photoshop 和 Bridge 两个软件是使用率较高的 RAW"显影"工具。

Bridge 更像是底片观片台,适合大批量浏览、挑选、元数据编辑和转换 RAW 格式影像。在 Bridge 上双击选中的一幅或多幅 RAW 影像文件,界面将自动转入 Photoshop,并在其 Camera Raw 插件上打开所有选中的图片。虽然 Photoshop 也能直接打开 RAW 文件,但是如果文件数量太大,就会出现运行缓慢的现象,因此处理单张或少量 RAW 文件时,可以直接使用 Photoshop 打开,数量很大时建议使用 Bridge 浏览选择后再双击打开。

快捷键(见图 5-22)可以实现 RAW 文件从 Bridge 到 Camera Raw 插件的打开,但是需要经过一个开启 Photoshop 软件的过程;而快捷键(见图 5-23)则可以从 Bridge 界面将 RAW 文件直接在 Camera Raw 上打开(见图 5-24)。

图 5-22 快捷键一

图 5-23 快捷键二

## (一)编辑校正 RAW 格式影像的基本步骤

(1)窗口上端工具条中的各项工具如下。

①放大镜工具;

②手型移动工具;

③中性灰吸管工具,用于白平衡校正取样;

④彩色吸管工具,用于色彩取样;

⑤裁切工具;

⑥水平线校正工具;

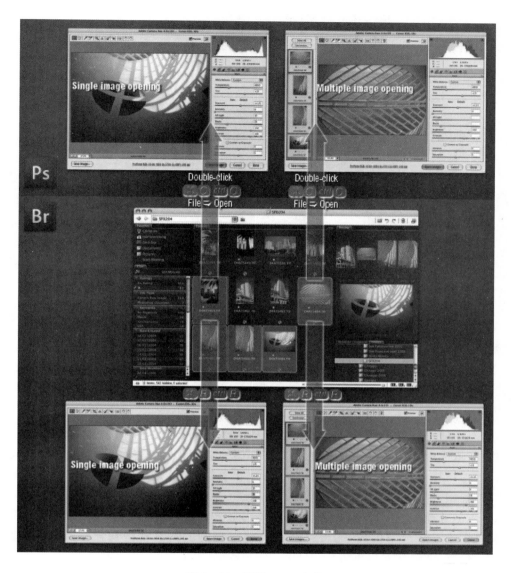

**图 5 - 24　打开 RAW 文件**

⑦修复工具；

⑧去红眼工具；

⑨Camera Raw 偏好设置；

⑩/⑪旋转工具；

⑫删除工具。

"Preview/预览"勾选框，勾选后所有校正效果可在缩略图上预览；"全屏"工具可以放大 Camera Raw 的工作窗口至整个显示器屏幕大小,方便对比精选和校正时预览图片(见图 5-25)。

图 5-25　工具条中各项工具

(2)使用窗口左上角的"Select All"功能键全选下方序列中的所有图片,然后使用"放大镜"工具和"手型移动"工具,放大对比每张画面的细节。这个步骤对挑选原始图片十分有用,因为放大到 100% 的比例显示时,更容易发现小图上不易觉察的抖动、虚焦等问题。

(3)选择下方放大比例下拉窗口中的"Fit in View",恢复正常视图,然后在序列视图中点选选中的图片,可以使用电脑键盘的上下移动键切换图片,用快捷键(见图5-26)在画面下方标记 1～5 颗五角星,使用电脑键盘的"Delete"键在落选图片上标示红色"X"号,以备删除(也可以使用预览区域上方工具栏里的"删除"工具进行标记)。接下来,按住电脑键盘的(见图 5-27)同时点按"Select All",就会只选中被标记了五角星的图片。

图 5－26　快捷键三

图 5－27　快捷键四

（4）窗口右上方的直方图，显示了图片上像素的分布情况，横坐标中间区域为影像的中间影调分布，左边为低光（暗部）分布，右边为高光（亮部）分布。直方图是判断图片曝光情况的参考，几种典型形态如下。

①曝光过度，峰值集中于横坐标右侧区域（见图 5－28）；

图 5－28　曝光过度

②曝光不足，峰值集中于横坐标左侧区域（见图 5－29）；

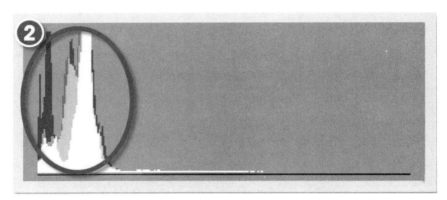

图 5 – 29    曝光不足

③反差较低,峰值集中于横坐标中间区域(见图 5 – 30);

图 5 – 30    反差较低

④反差较高,像素的分布在横坐标两端出现峰值,而中间区域很少甚至没有像素分布(见图 5 – 31);

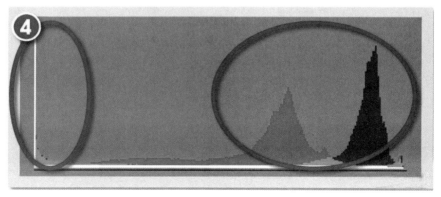

图 5 – 31    反差较高

⑤反差适度、层次丰富的影像，像素在横坐标两个端点之间分布，且峰值位于中间区域且跨度较大（见图5-32）。

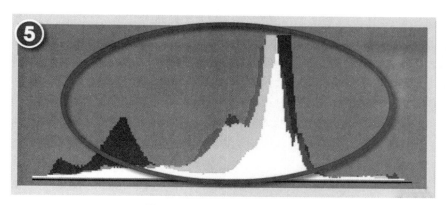

图5-32　反差适度、层次丰富

在直方图的左上角有一个三角形标志，点击它可以在预览图片上以蓝色阴影提示画面中最暗且没有层次区域的分布情况；与之对应的直方图右上角也有一个三角形标志，点击后可以在预览图片上以红色阴影提示画面中最亮且没有层次区域的分布情况（见图5-33，彩插部分）。

（5）Camera Raw的图片编辑校正各项主要功能，可以通过窗口右侧直方图下方的一排工具栏切换选择。

左边第一个选项是"Basic/基本"校正工具，包括白平衡、曝光效果和色彩三类10余项常用RAW格式影像校正选项：

①"White Balance/白平衡"下拉窗口将拍摄时的白平衡设置作为默认设置，并允许手动选择"自动校正"，或者根据其他光源特征选择调整；如果仍无法获得想要的画面白平衡，可以使用"Temperature/色温"滚动条和绿色/洋红"Tint/色度"滚动条进行精确调校；更加快捷的白平衡校正方法，是使用预览区域上方工具栏中的"白平衡吸管工具"，将吸管放在画面高光区域接近纯白但仍有一定层次的地方点击取样，即可快速完成画面白平衡调节。

②"曝光效果"调节功能包括六项内容。

"Exposure/曝光"校正滚动条，校正拍摄时的曝光过度或不足；

"Recovery/高光恢复"滚动条，通过改变画面亮部区域的亮度来影响层次细节的呈现程度；

"Fill Light/辅助光"校正滚动条，通过增加画面中间影调区域的亮度来调节细节层次。如果拍摄时使用了闪光灯等人工光源照明被摄体的阴影区域，通过调

整辅助光滚动条,可以增加辅助照明效果;

"Blacks/暗部恢复"滚动条,调整画面暗部区域的细节层次;

"Brightness/亮度"校正滚动条,可以提亮或者压暗画面的整体亮度;

"Contrast/反差"校正滚动条,可以整体增加或者减少画面的明暗反差。

③Camera Raw 4.6 版本在原有色彩校正区域增加了一个"Clarity/中间调反差"校正滚动条,实际上是针对画面中间影调区域反差的调节,向右边移动滑标能明显增加中间影调区域的反差,提高画面的清晰度;向左侧移动滑标时,随着中间影调区域反差的减弱,画面出现类似于柔光镜的晕化模糊效果。

④"Vibrance/低饱和度色饱和度"校正滚动条,用于调整画面中低饱和度色彩的饱和度,同时不会对已饱和色彩的饱和度产生影响。这一校正选项内嵌有一个识别并保护画面上人物皮肤色调的滤镜,能够在调整过程中保持皮肤色调的自然呈现。

⑤"Saturation/饱和度"校正滚动条,整体上调整画面色彩饱和度,当滑标向左调整为－100 时,彩色被转换成黑白。

⑥"Tone Curve/色调曲线"工具。

色调曲线工具是在基本调整工具基础上,对画面曝光效果的一个进阶调整功能,可以实现对画面上任意区域的明暗反差校正,进而影响画面的整体影调分布与层次。

色调曲线工具提供了两种调整方式:

"Parametric/参数"调整,在直方图下端设置有三个滑标,用于手动设定画面的亮部区域、中间调区域和暗部区域,同时还设置有四个滚动条,将画面的亮度划分为"Hightlights/高光区域""Lights/明亮区域""Darks/暗部区域"和"Shadows/阴影区域"四部分,可以独立进行调整。

"Point/积点"调整,在其"Curve/曲线"下拉菜单中将"Medium Contrast/中性反差"设为默认值,并在曲线图上将高光区域、明亮区域、暗部区域和阴影区域以标记点的形式标示于曲线上。

"Parametric/参数"是比较常用的色调曲线调整方式,以下通过实际调整一幅照片来具体了解下这个工具的功效(见图 5 - 34～图 5 - 36,彩插部分)。

调整前后的画面效果对比图 5 - 37(彩插部分)所示。

**(二)"Detail /细节"工具**

细节工具具有锐化和降噪两方面的功能。

在 Camera Raw 预览窗口上端工具栏中直接打开 Camera Raw 的偏好设置,可以将细节工具的锐化效果设置为"作用于图片"或者"仅作预览"。

拍摄时选择过高的 ISO,或是昏暗的现场照明条件,都会导致图片上噪点的增加,而细节工具的降噪功能正是针对上述问题设计的,能够从亮度降噪和颜色降噪两方面,有效降低画面噪点。

### (三)"HSL/色彩/Grayscale/灰度"校正工具

"HSL/色彩/Grayscale/灰度"校正工具如图5-38、图5-39(彩插部分)所示。

"HSL"是"hue""saturation""luminance"三个英文单词的首字母缩写,是针对色彩的"色相""饱和度"和"明度"的校正。在各项滚动条设置上,除了红、绿、蓝三原色,增加橙、黄、浅绿、紫和品红五个选项,大大扩展了色彩调整的幅度和精度。

勾选"Convert to Grayscale/转换为灰阶"选项框,彩色即被生成黑白效果。

在滚动条上方有"Auto/自动"和"Default/默认"两个选项:"自动选项"在基本工具中的影像白平衡设置基础上,自动设置滚动条各项数值;"默认选项"则将滚动条各项数值归零。

无论选用"自动"或"默认"设置,都允许手动微调。

建议使用时,初步调整后可以退回到基本工具再次微调白平衡值,或者回到色调曲线工具,进一步优化黑白画面的灰阶效果。

### (四)"Split Toning/色调分离"工具

"Split Toning/色调分离"工具如图5-40(彩插部分)所示。

可以调整黑白照片的高光与阴影区域的色相和饱和度,主要目的在于恢复高光区域的细节。

利用这个功能还可以制作出类似黑白照片调棕等单色调或双色调的色调分离效果;彩色画面同样可以通过这个工具进行色彩上的再创作(见图5-41、图5-42,彩插部分)。

### (五)"Lens Corrections/镜头成像校正"工具

"Lens Corrections/镜头成像校正"工具用于校正镜头成像中的边缘杂色和画面暗角现象。

"Chromatic Aberration/杂色校正"功能用于校正被摄体边缘轮廓偏红/青或者偏蓝/黄的色边,校正效果显著;使用杂色校正功能时,需要把被校正影像放大到200%左右(见图5-43、图5-44,彩插部分)。

"Lens Vignetting/镜头渐晕"校正功能用于校正部分镜头(特别是广角镜头)成像时的暗角现象。

"Amount/总值"滚动条的作用是改变画面四角与画面中心区域的明暗对比。

"Midpoint/中间点"滚动条可以改变画面四角与中间影调的过渡均匀与否。

### (六)"Camera Calibration/相机校正"工具

"Camera Calibration/相机校正"工具如图5-45所示。

图 5 - 45 "Camera Calibration/相机校正"工具

　　数码相机的驱动程序中自带有色彩管理相关的程序,但在实际使用中发现,不同品牌相机,或者相同相机换用不同镜头,在相同照明条件下拍摄同一被摄体时,画面色彩会存在明显差异。

　　Camera Raw 的相机校正工具就是用来微调相机与自带色彩管理程序之间的色彩再现差异的。

# 第六章　闪光摄影的曝光控制

相机外接式闪光灯具有小巧、轻便、灵活、自动化程度高和手动操作性强的特点,既可以在低照度条件下用作主光,也适合在明亮环境光下(如逆光)用作辅助光进行补光,是影像曝光控制和视觉效果达成的必备附件。

## 第一节　自动闪光测曝光模式

TTL 既是相机内测光方式,也可以计算和控制外接闪光灯输出光量强度,其工作方式根据相机成像媒介的差异(胶片相机或数码相机)而有所不同。

### 一、TTL(胶片)

胶片相机设置在自动闪光模式下时,投射到胶片上的光线,有一部分经反射被一块独立感光芯片接收,芯片计算出光线的强弱程度,控制是否需要自动触发闪光灯。

### 二、TTL(数码)

由于数码相机的影像传感器不具有对光线的反射能力,因此 TTL 系统控制闪光灯工作的方式与胶片相机不同,是由闪光灯在主闪光发生之前发射预闪光束,经被摄体反射后由相机内部的专用芯片接收并计算。

数码相机的这种 TTL 工作方式由尼康最早研发并应用,被命名为"D-TTL",经过持续改进又升级成为"i-TTL";佳能曾自主研发并应用了一段时期的 A-TTL闪光测曝光系统,后来借鉴了尼康的技术,升级为"E-TTL"和"E-TTL II"。

#### (一)A-TTL

佳能创建其 EOS 单反家族之际,基于早期 TTL 技术开发了一套 A-TTL 自动闪光测曝光系统，它是英文"advanced-through the lens"的首字母缩写，被 EOS 单反系列的开山之作 T90 率先应用。

在相机的程序曝光模式下，A-TTL 以发射和接收预闪光束的形式实现闪光控制。由于接收和计算反射光线的芯片被设计在闪光灯内部，这种不经过镜头的闪光测曝光控制方式存在明显缺陷，例如，在镜头前加装滤光镜，经滤光镜阻挡减弱的光量无法被闪光灯内的芯片同步感知和计算，就会造成计算误差和最终错误的闪光输出量。

### （二）E-TTL／E-TTL II 分隔符／和字母 E 之间空一格

"evaluative-through the lens"／"评估式 TTL"同样采用预闪的闪光测曝光控制模式，并借鉴尼康 D-TTL 的设计方式，将接收和计算反射光线的芯片安装在机内反光板的后面，实现了芯片计算精度的升级。

在前帘同步闪光模式下，预闪光与主闪光的间隔时间极短，很难被肉眼察觉。在后帘同步闪光模式下，预闪光和主闪光之间则存在明显延时。

"E-TTL II"是目前佳能所应用的主流闪光测曝光技术，于 2004 年被首先应用于 EOS-1D MARK II 数码单反相机。相比前一代"E-TTL"，"E-TTL II"的先进之处主要是基于软件程序的升级，可以在更为复杂的光照条件下，计算并驱动闪光灯给出更接近于自然光的补光照明效果。"E-TTL II"的闪光测光系统放弃了"E-TTL"与自动对焦系统联动的设计，从而有效避免了自动对焦锁定焦点并调整构图后，可能造成的闪光测光系统对被摄主体的误判。

### （三）D-TTL

"D-TTL"技术于 1999 年伴随尼康第一部数码单反相机 D1 的上市而诞生，采取预闪光方式计算并控制闪光灯的闪光输出量。

D-TTL 的工作方式是在快门被按下时，反光板抬起而快门帘尚未开启的瞬间，由闪光灯发射一束预闪光束，这束光到达被摄体后被反射进入镜头，再由位于反光板后的芯片接收并进行计算。

D-TTL 的寿命仅延续了四年时间，只在尼康 D1、D1H、D1X 和 D100 四个单反机型上得以应用，很快就被更为先进的 i-TTL 技术取而代之了。

### （四）i-TTL

2003 年 7 月尼康 D2H 单反相机问世，同步推出全新的"i-TTL"闪光测曝光技术。

"i-TTL"仍旧保留预闪光束的方式，但是光束投射的时机提前到反光板抬起之前，原本安装于反光板后面的专用芯片也被转移到了取景器内。i-TTL 闪光测曝光技术具备镜头到被摄体距离的计算功能，尼康将此命名为"3D 矩阵测光"。

佳能 E-TTL II 和尼康 i-TTL 共有的一项重要革新是实现了多闪光灯间的离机无线同步引闪。多灯无线引闪的数量最多为三组，并且需要与相机直接连接的主控灯（可以是机身内置闪光灯或者外接于热靴上的闪灯）发出引闪脉冲信号。

## 第二节　闪光测曝光系统与相机曝光模式的配合方式

相机曝光模式、快门速度、镜头光圈的关系如表6-1所示。

表6-1　相机曝光模式、快门速度、镜头光圈关系表

| 相机曝光模式 | 快门速度 | 镜头光圈 |
| --- | --- | --- |
| P（程序曝光） | 在1/60秒和内置最高闪光同步快门速度之间自动设置 | 依照相机内置程序进行自动设置 |
| Tv（速度优先） | 在30秒和内置最高闪光同步快门速度之间任意手动设置 | 自动设置光圈大小与所选快门速度匹配 |
| Av（光圈优先） | 在30秒和内置最高闪光同步快门速度之间自动设置与所选光圈匹配 | 手动设定任意光圈大小 |
| M（手动曝光） | 在30秒和内置最高闪光同步快门速度之间任意手动设置 | 手动设定任意光圈大小 |

## 一、P（程序曝光）模式下

该模式下闪光测曝光系统会控制闪光灯在以下两种闪光方式中做出选择。

（1）当所测得的环境光亮度达到一定标准时（通常在13EV或以上），系统自动判断此时使用闪光灯的目的为辅助照明，并自动降低闪光灯的闪光照度；

（2）当测得的环境光亮度较低（通常在10EV或以下）时，系统自动判断此时使用闪光灯的目的是作为主光照明被摄体，并自动增强闪光灯的闪光照度。

在程序曝光模式下，相机会默认为手持相机拍摄并自动设置较高的快门速度，从而保证拍摄时的曝光稳定性，因此在环境照度暗弱条件下，往往造成背景因曝光不足而呈现出很暗的影调。

## 二、Tv（速度优先）模式下

该模式下，闪光测曝光系统会自动控制闪光灯以辅助光方式进行补光照明，自动设置镜头光圈与手动选择的快门速度配合，确保被摄主体被充分补光的基础上，

也让背景获得足够曝光量，呈现更多细节。

## 三、Av（光圈优先）模式下

该模式下，闪光测曝光系统的计算方式与 Tv 模式下相似，即自动控制闪光灯以辅助光的形式做补光照明，同时也会充分考虑画面背景的曝光，以便尽可能保留背景的细节呈现。

选择光圈优先自动曝光模式配合闪光灯拍摄，通常是出于控制画面景深的需要，当需要较大景深而手动设置小光圈时，闪光测曝光系统就会进入低速闪光模式。

## 四、Manual（手动曝光）模式下

手动设定快门速度和光圈大小时，一般重点考虑背景亮度进行曝光控制，闪光测曝光系统仍然能够自动控制闪光灯输出适当光量，实现对被摄主体的补光照明，这种方式在早期非 TTL 机械闪光灯上是无法实现的。

# 第三节　闪光同步与高/低速闪光摄影

## 一、闪光同步

根据焦平面快门的幕帘式结构和工作特点，在某一挡快门速度或更慢速度下，快门幕帘能够出现一个完全打开的瞬间，而当快门速度高于这一特定快门时，快门幕帘则以从一边向另一边依次开启的方式从胶片平面"扫描"而过，这一特定快门速度就是照相机的闪光同步速度。

使用闪光灯拍摄时，如果快门速度高于闪光同步速度，闪光灯被触发瞬间快门幕帘尚未结束"扫描"过程，会造成画面局部全黑的闪光不同步（见图 6-1）。

不同时代的照相机所搭载快门的技术含量高低有别，最高闪光同步速度各不相同，早期机械快门相机通常为 1/60 秒，后期使用电子快门的单反相机普遍能够达到 1/250 秒甚至更高。

## 二、高速闪光摄影

今天闪光灯技术的革新已经打破了闪光同步速度的限制，在高速快门下（可以

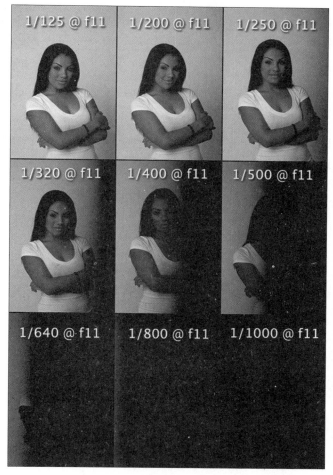

图 6 - 1　快门速度超过最高闪光同步时间后，随着快门速度的不断提高，
画面的黑暗区域逐渐扩大（Steve Evans 摄）

高达 1/8000 秒），闪光灯以连续脉冲实现连续发光，从而实现高速闪光摄影。低速闪光和高速闪光快门与闪光灯配合方式如图 6 - 2 所示。

　　在白天强烈光照的室外拍摄逆光人像，并使用闪光灯对人物面部补光，为了获得小景深效果，就需要开大光圈，如果快门速度受闪光同步速度的限制不能相应提高，明亮的背景就会曝光过度，使用了高速闪光技术，既保证了人物面部的补光照度，又能实现环境的正常曝光（见图 6 - 3）。

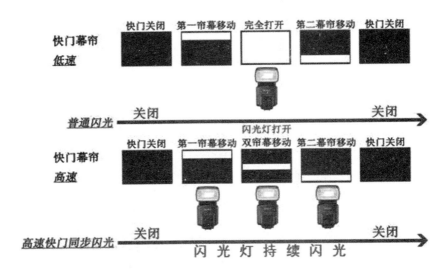

图 6 - 2　低速闪光和高速闪光时快门幕帘与闪光灯配合方式对比（作者制）

图 6 - 3　明亮环境使用高速闪光补光，定格精彩的动态瞬间（Steve Evans 摄）

需要特别注意的是,闪光测曝光系统在高速闪光时并不工作,闪光灯的输出照度也会始终维持在一个很小的功率上,因此闪光距离不宜太远;如果光圈大小固定不变,伴随快门速度的逐渐提升画面会逐渐变暗,即曝光不足程度会递增(见图 6 - 4)。

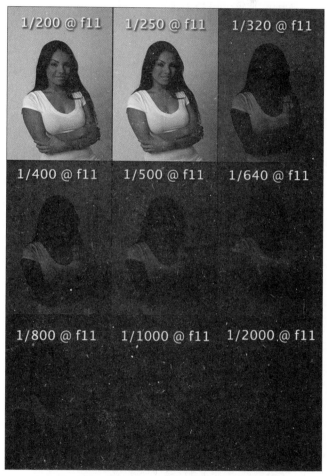

**图 6 - 4　光圈大小固定不变,快门速度提升画面会逐渐变暗(Steve Evans 摄)**

解决方法是按比例开大光圈增加曝光量(见图 6 - 5)。

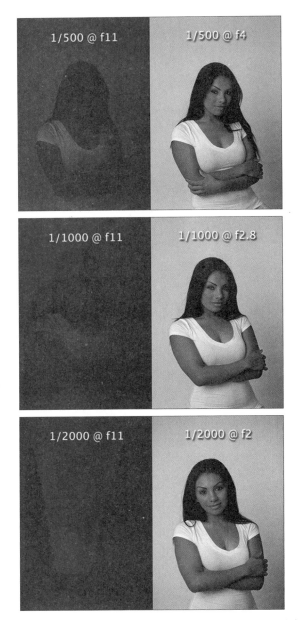

图 6-5 高速闪光摄影快门速度增加与光圈变化的比例:快门速度每增加一倍,
光圈相应开大一挡(Steve Evans 摄)

# 三、低速闪光摄影

在光线昏暗环境中,使用闪光灯在较高快门速度下拍摄,画面背景会因曝光不足而影调昏暗,采用低速闪光可以有效改善背景的曝光效果(见图 6-6,彩插部分)。

焦平面快门的结构由前帘和后帘两部分构成,低速闪光的闪光方式可以分为前帘同步和后帘同步两种类型:

## (一)前帘同步闪光

由于闪光灯触发闪光发生于前快门帘完全开启的瞬间,因此前帘同步属于常规闪光方式,当配合慢速快门拍摄运动物体时,快门在闪光触发后仍旧处于开启状态,在主体的清晰影像前方会出现其移动的模糊虚影。

虚影所处的位置,容易让人产生被摄体正"倒退"移动的错觉,因此前帘同步闪光配合慢速快门并不适合表现运动中的物体。

## (二)后帘同步闪光

快门前帘开启时闪光灯不发光,而是在后帘关闭前的瞬间被触发完成曝光,这就是后帘同步闪光。

与前帘同步闪光配合慢速快门不同的是,后帘慢速闪光会在运动物体的后方出现模糊虚影,可以正确呈现出运动物体在画面上的运动方向(见图 6-7,彩插部分)。

由于后帘同步闪光模式下,闪光灯被触发的瞬间出现在曝光过程的末期,被呈现于画面上的被摄体运动瞬间,并不是摄影师看到并按下快门时的那个瞬间,即存在"快门时滞",因此后帘同步慢速闪光不能精确捕捉并呈现被摄体的运动瞬间(见图 6-8)。

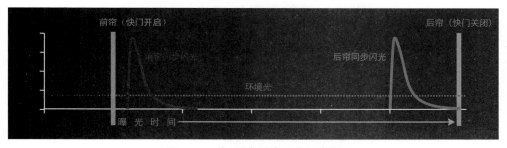

图 6-8　前、后帘同步闪光示意图

# 第七章　创造性的控制曝光

## 第一节　多次曝光

多次曝光是常用的创意摄影技法,可以在一个画面上重叠多个影像,或是在画面的不同位置呈现同一被摄体的不同瞬间状态,甚至不同时空下的不同被摄主体(见图 7-1)。

图 7-1　多次曝光效果(作者摄)

早期机械相机上,快门上弦和卷片操作是相互独立的,常会因为摄影师的操作疏忽,在同一格底片上曝光拍摄多次。通过技术革新,快门上弦和卷片装置实现联动,并被沿用至今,同时为了保留多次曝光的功能,一些相机又专门设计了多次曝光钮,用于上快门弦而不卷片的操作(见图 7 - 2)。

图 7 - 2　相机的多次曝光按钮(作者摄)

　　影像叠加和影像并置的多次曝光效果,在曝光控制方法上基本相同。

　　影像的叠加意味着曝光量的叠加,因此应在总曝光量不变的前提下,根据多次曝光次数,计算出一个实际感光度数值,并据此确定单次曝光的曝光量,常用计算方法为:曝光次数×胶片感光度 = 实际拍摄时的感光度设定。

　　例如,曝光次数为 4 次,所用胶片感光度为 ISO 100,则实际拍摄时应将感光度设定为 ISO 400 进行曝光。

　　还可以通过改变快门速度或者光圈大小的方法,控制曝光。

　　假设 f4、1/15 秒是一次曝光的准确曝光量,那么多次曝光时,保持光圈不变,快门速度的分母值乘以曝光次数,可以得到实际多次曝光中每次曝光的快门速度:多次曝光 2 次,每次曝光的光圈快门组合就是 f4、1/30 秒;多次曝光 4 次,就是 f4、1/60 秒,以此类推。

　　如果多次曝光次数是奇数(如 3、5、9),上述计算方法就无法找到对应的快门速度,参考表 7 - 1,通过改变光圈大小的方法,同样可以计算出每次曝光的曝光量。

表 7 - 1　根据多次曝光次数推算光圈收小的挡数

| 多次曝光次数 | 2 | 3 | 4 | 5 | 6 | 7 | 8 | 9 |
|---|---|---|---|---|---|---|---|---|
| 收小光圈挡数 | 1 | 1.5 | 2 | 2.25 | 2.5 | 2.75 | 3 | 3.25 |

　　适当增加某次曝光的曝光量,能让该次曝光的主体更加清晰地出现在画面上,同时应当减少其他次数上的曝光量,以确保总曝光量不变(见图 7 - 3)。

　　影像并置的多次曝光,每个影像出现在底片的不同位置,因此单次曝光可以按照主体的实际亮度进行控制,不需要曝光补偿。

**图7-3    适当增加某次曝光的曝光量能让主体更加清晰地出现画面上（Steve Evans 摄）**

# 第二节    长时间曝光配合频闪

拍摄运动状态下的被摄体，在较长的曝光时间内，用闪光灯进行间隔频闪，也能在一个画面上同时呈现被摄体的多个瞬间，效果类似于多次曝光。

很多新型闪光灯，如佳能 580EX、580EX Ⅱ 和尼康 SB800、SB900 等，都已经具备了频闪功能，佳能称其为"Multi Mode"，而尼康则是"Repeating Flash"（即"RPT"）。

利用频闪技术进行摄影创作的基本要领如下。

（1）拍摄环境尽量选择全黑状态，没有其他光源的干扰，背景也以深黑色为宜；

（2）频闪一次只记录一个影像，参照主体运动特点和单张底片上需要呈现的影像数量，设定闪光灯频闪频率（用"Hz"表示，2Hz＝频闪 2 次/秒，10Hz＝频闪 10 次/秒，依此类推）与频闪总数（由曝光时间决定）；

（3）避免主体与背景距离太近而出现投影，闪光灯与被摄主体的距离则应尽可能近一些，因为频闪次数越多，闪光灯的单次闪光指数就越低，即单次闪光输出功率越低。

频闪的三个关键词是"单次闪光输出功率""频闪频率"和"频闪总数"："频闪频率"越高，"单次闪光输出功率"就越低；"频闪总数"越多，曝光时间就越长。

频闪摄影的曝光控制步骤如下。

（1）需要被摄体出现在画面上的影像数量是多少？据此决定频闪总数。

（2）在闪光灯上设定频闪频率，与频闪总数共同决定画面上的影像数量。

（3）计算快门速度。

　　最高快门速度、频闪总数和频闪频率三者关系为：最高快门速度 ＝ 频闪总数 ÷ 频闪频率。

　　例如，频闪总数为 5 次，频闪频率设定在 5Hz，最高快门速度即为 1 秒。

　　理论上，在全黑环境下进行频闪拍摄时，最低快门速度可以是被摄体完成运动过程所需的任何时间长度。

　　（4）在闪光灯上设定单次闪光输出功率。

　　表 7-2 可以作为设定单次闪光输出功率的参考。

**表 7-2　单次闪光输出功率参考**

| 频率（Hz）<br>闪光功率 | 1 | 2 | 3 | 4 | 5 | 6～7 | 8～9 | 10 | 11 | 12～<br>14 | 15～<br>19 | 20～<br>50 | 60～<br>199 |
|---|---|---|---|---|---|---|---|---|---|---|---|---|---|
| 1/4 | 7 | 6 | 5 | 4 | 4 | 3 | 3 | 2 | 2 | 2 | 2 | 2 | 2 |
| 1/8 | 14 | 14 | 12 | 10 | 8 | 6 | 5 | 4 | 4 | 4 | 4 | 4 | 4 |
| 1/16 | 30 | 30 | 30 | 20 | 20 | 20 | 10 | 8 | 8 | 8 | 8 | 8 | 8 |
| 1/32 | 60 | 60 | 60 | 50 | 50 | 40 | 30 | 20 | 20 | 20 | 18 | 16 | 12 |
| 1/64 | 90 | 90 | 90 | 80 | 80 | 70 | 60 | 50 | 40 | 40 | 35 | 30 | 20 |
| 1/128 | 100 | 100 | 100 | 100 | 100 | 90 | 80 | 70 | 70 | 60 | 50 | 40 | 40 |

注：横栏为频闪频率，199 是闪光灯普遍允许设置的最高频率；纵列为单次闪光输出功率，1/128 是闪光灯普遍允许设置的最低功率。这两个数据都可以在闪光灯的设置选项中自行设定，横、纵两个数值对应的就是频闪总数

　　（5）设定光圈大小。

　　画面不出现影像重叠，频闪时每次闪光的曝光量与底片所需曝光总量相同；画面出现影像重叠，频闪时每次闪光的曝光量是所需曝光总量与闪光次数（即频闪总数）的比值。

　　设定光圈大小时，需要根据上述两种情况区别操作：不产生影像重叠的，直接使用手持式测光表，测量闪光的光圈值；产生影像重叠的，使用以下方法进行计算：为了计算上的方便，频闪总数应为 2 的倍数。例如，频闪总数为 2，即 2 的一次方，标示为 $2^1$，以此类推，$4=2^2$，$8=2^3$，$16=2^4$，$32=2^5$，$64=2^6$，$128=2^7$，…… 2 的平方数值就是应当减少的光圈挡数。

　　假设，单次闪光输出功率为 1/32，在所设定快门速度下，获得曝光总量需要的光圈为 f8；如果频闪总数为 4，即 $2^2$，单次闪光的光圈大小就是 f8 缩小 2 挡后的光圈值，即 f22；如果频闪总数为 16，即 $2^4$，单次闪光的光圈大小就是 f8 缩小 4 挡后的光圈值，即 f32，常规 135 镜头的最小光圈只能到 f22，可以先从 f8 缩小 3 挡到 f22，再将单次闪光输出功率从 1/32 缩小 1 挡至 1/64，得到与减少四挡光圈同样的效果。

使用频闪技术创作的摄影作品（见图 7 - 4）。

**图 7 - 4　使用频闪技术创作的摄影作品（焦尼·米利摄）**

## 第三节　光　绘

1949 年在法国瓦罗西（Vallauris），美国《生活》杂志摄影师（焦尼·米利）（Gjon Mili）敲开了画家毕加索的家门。摄影师给毕加索展示了一些他创作的光绘照片，毕加索立即被这种摄影形式吸引，于是焦尼·米利为他拍摄了这组照片（见图7 - 5、图 7 - 6）。

图 7 - 5　未使用闪光灯补光，只有光绘轨迹，没有人物形象（焦尼·米利摄）

图 7 - 6　使用闪光灯补光，光绘轨迹和人物形象都清晰可见（焦尼·米利摄）

光绘，顾名思义就是用光在绘画，而最终的画作是记录在底片上的光的轨迹，这是摄影与绘画的完美结合。

创作光绘摄影作品，需要较长的曝光时间，全黑的室内，或者光线较暗的室外，例如，黄昏时刻或者夜晚灯光昏暗的城市街巷，都是进行光绘摄影的理想环境。

用来"绘画"的光源，并没有严格要求，只要能够手持并灵活运动的连续光源都可以使用，如手电、荧光棒、打火机、烟花（见图 7 - 7，彩插部分）等。在很多玩具商店里出售的 LED 变色彩灯，可以变换多种色彩，是一种非常理想的彩色光源。在镜头前加装不同颜色的滤色镜，或者在光源上覆盖各种滤色玻璃纸，同样能够改变画面上光线轨迹的颜色。

三脚架是光绘摄影必备工具，因为长时间曝光过程中，只有稳定的相机状态才能清晰再现出光绘轨迹；建议使用快门线控制快门的开闭，因为相较于手指直接按下快门键，可以更大限度确保相机的稳定性。

　　光绘摄影的曝光控制,视拍摄环境特征和光绘内容所需时间长短而有所不同:在全黑环境下拍摄,结合绘制所需时间设定快门速度,并根据实际曝光量和对景深的要求,设定适当的光圈即可;在室外拍摄带有黄昏场面的光绘作品时,曝光量的确定应以不破坏天空气氛为前提,并结合上述要素综合考量。

　　由于光绘过程中人物处于相对运动状态,在没有辅助照明介入的情况下,很难在画面上留下清晰影像(见图7-8,彩插部分);如果使用闪光灯对人物进行一次闪光照明,或者多次频闪照明(见图7-9),就可以将人物形象与光绘轨迹同时呈现出来。

7-9　光绘效果图(焦尼·米利摄)

　　还有一种光绘摄影创作方式,是使用闪光灯分别闪光照明被摄体的各个局部,如果配合使用不同颜色的滤色玻璃纸覆盖在闪光灯灯头上,还可以制造出丰富的色彩效果(见图7-10,彩插部分)。

# 参考书目

[1] 布鲁斯·巴恩博. 摄影的艺术[M]. 樊智毅,译. 北京:人民邮电出版社,2017.

[2] 陈建. 商业摄影的高品质控制[M]. 杭州:浙江摄影出版社,2004.

[3] 陈勤,曲阜贵. 摄影曝光原理与实践应用[M]. 北京:人民邮电出版社,2017.

[4] 大卫·泰勒. 摄影曝光入门[M]. 张悦,译. 北京:中国摄影出版社,2018.

[5] 法瑟,等. 色彩管理[M]. 刘浩学,等,译. 北京:电子工业出版社,2005.

[6] 河野铁平. 你必须知道的数码摄影曝光与白平衡150问[M]. 曾剑峰,译. 北京:人民邮电出版社,2017.

[7] 克里斯·约翰逊. 解密亚当斯区域曝光系统[M]. 葛霈,张匡匡,译. 北京:中国青年出版社,2016.

[8] 马松年. 感光材料应用基础[M]. 沈阳:辽宁美术出版社,1995.

[9] 内奥米·罗森布拉姆. 世界摄影史[M]. 包甦,等,译. 北京:中国摄影出版社,2012.

[10] 汤识真. 摄影曝光必修教程[M]. 北京:人民邮电出版社,2016.

[11] 于文灏. 人像摄影[M]. 北京:人民美术出版社,2009.

[12] 徐岩. 曝光是门大学问:非学不可的摄影曝光技巧[M]. 北京:电子工业出版社,2017.

[13] 约翰·格林戈. 摄影曝光:拍出好照片的49个关键技法[M]. 薛蕾,翟旭,译. 北京:人民邮电出版社,2018.

[14] 郑志强. 摄影师的后期课:Photoshop基础入门篇[M]. 北京:人民邮电出版社,2018.

[15] Lee V. Digital Photography for Graphic Designers[M]. 美国:Rockport Publishers,Inc.,2001.

# 索　引